Ferda Eser

Yabani sinameki bitkisinin kimyasal içeriği ve antioksidan aktivitesi

Ferda Eser

Yabani sinameki bitkisinin kimyasal içeriği ve antioksidan aktivitesi

Türkiye Alim Kitapları

Impressum / Yayınevi adı
Bibliografische Information der Deutschen Nationalbibliothek: Die Deutsche Nationalbibliothek verzeichnet diese Publikation in der Deutschen Nationalbibliografie; detaillierte bibliografische Daten sind im Internet über http://dnb.d-nb.de abrufbar.
Alle in diesem Buch genannten Marken und Produktnamen unterliegen warenzeichen-, marken- oder patentrechtlichem Schutz bzw. sind Warenzeichen oder eingetragene Warenzeichen der jeweiligen Inhaber. Die Wiedergabe von Marken, Produktnamen, Gebrauchsnamen, Handelsnamen, Warenbezeichnungen u.s.w. in diesem Werk berechtigt auch ohne besondere Kennzeichnung nicht zu der Annahme, dass solche Namen im Sinne der Warenzeichen- und Markenschutzgesetzgebung als frei zu betrachten wären und daher von jedermann benutzt werden dürften.

Deutsche Nationalbibliothek tarafından yayınlanan bibliyografik bilgiler: Deutsche Nationalbibliothek, bu yayını Deutsche Nationalbibliografie'de listeler; detaylı bibliyografik bilgi İnternet'te http://dnb.d-nb.de sitesinde mevcuttur.
Bu kitapta bahsedilen herhangi bir marka ve ürün adı, tescilli marka, marka veya patent korumasına tabidir ve ilgili sahiplerin ticari veya tescilli markalarıdır. Marka, ürün, ortak ve ticari adların, ürün açıklamalarının v.s. işbu eserde özel işaretleme olmadan bile kullanılması, bu çeşit adların, tescilli marka ve marka korunması kanunu açısından kısıtlanmamış ve böylece herkes tarafından kullanılabilir olarak hiç bir şekilde yorumlanamaz.

Coverbild / Kitap kapağı resmi: www.ingimage.com

Verlag / Yayıncı:
Türkiye Alim Kitapları
ist ein Imprint der / yayınevinin bir ticari markasıdır
OmniScriptum GmbH & Co. KG
Heinrich-Böcking-Str. 6-8, 66121 Saarbrücken, Deutschland / Almanya
Email / E-posta: info@turkiye-alim-kitaplary.com

Herstellung: siehe letzte Seite /
Basım yeri: son sayfaya bakın
ISBN: 978-3-639-67168-1

Özet

Bu çalışmada, Fabaceae familyasına ait yabani sinameki (*Colutea cilicica* Boiss et Bal.) bitkisinin farklı kısımlarının antioksidan aktiviteleri ve kimyasal bileşenleri incelendi. Bu amaçla, bitkinin gövde, yaprak, çiçek ve tohum gibi kısımlarının antioksidan özellikleri, DPPH serbest radikal giderme aktivitesi, indirgeme gücü, metal şelatlama kapasitesi, total fenolik bileşik tayini, total antioksidan ve $ABTS^{\cdot+}$ radikal katyon giderme aktivite testleri kullanılarak belirlendi. Bitki kısımlarının dikkate değer aktivite göstermemesi nedeniyle gövde ve yapraklar alkaloid, antranoid, antrakinon, kumarin, lökoantosiyanin, flavonoid, tannin, polifenol ve saponin testlerini içine alan spesifik testlerle analiz edildi. Elde edilen verilere göre, gövde ve yapraklar, kolon kromatografisi kullanılarak sekonder metabolit içeriği bakımından incelendi.

Elde edilen bileşiklerin yapı tayinleri, 1D ve 2D NMR (^{1}H-NMR, ^{13}C-NMR, COSY, HETCOR, HMBC, TOCSY), IR spektroskpisi teknikleri, HPLC-TOF-MS ve GC-MS analizleri kullanılarak gerçekleştirildi. Spektroskopik sonuçlara göre, gövdeden 14 (β-Sitosterol), 15, 16, 17 (Sukroz) ve 18 (heptakosilhekzadekanoat) bileşikleri, yapraktan 19, 20 (Daucosterin), 21 (D-pinitol), 22 (oleik ve pentakosanoik asit), 23 (hekzadesildokosanoat) ve 24 (nonakosan-1-ol) bileşikleri izole edildi. İzole edilen bileşikler, antioksidan özellikleri bakımından incelendi. Bu bileşikler arasından β-Sitosterol dikkate değer antioksidan aktivite sergiledi.

Anahtar kelimeler: Fabaceae, *Colutea cilicica*, Antioksidan aktivite, Fitokimyasal

Abstract

In this study, different parts of bladder senna (*Colutea cilicica* Boiss et Bal.) plant which belongs to Fabaceae family was investigated for its antioxidant activities and chemical constituents. For this aim, antioxidant properties of the parts of the plant such as stem, leaves, flowers and seeds were determined using DPPH free radical scavenging activity, reducing power, metal chelating capacity, total phenolic compound content, total antioxidant and $ABTS^{\cdot+}$ radical cation decolorization assays. Due to none of the parts exhibited considerable antioxidant activity, the stem and leaves of the plant were analysed by corresponding spesific tests including alkaloid, antranoid, anthraquinone, coumarin, leucoanthocyanin, flavonoid, tannin, polyphenol and saponin assays. According to the obtained data, stem and leaves were invesigated for their secondary metabolite contents by using column chromatography.

The structural determination of obtained compounds were performed by using 1D and 2D NMR (^{1}H-NMR, ^{13}C-NMR, COSY, HETCOR, HMBC, TOCSY), IR spectroscopy techniques, HPLC-TOF-MS and GC-MS analysis. According to the spectroscopic results, 14 (β-Sitosterol), 15, 16, 17 (Sucrose) and 18 (heptacosylhexadecanoate) were isolated from the stem and 19, 20 (Daucosterin), 21 (D-pinitol), 22 (oleic and pentacosanoic acid), 23 (hexadecyldocosanoate) and 24 (nonacosan-1-ol) were isolated from the leaves of the plant. Isolated compounds were investigated in terms of their antioxidant properties. Among them β-Sitosterol exhibited considerable antioxidant activity.

Keywords: Fabaceae, *Colutea cilicica*, Antioxidant activity, Phytochemical

İçindekiler

Simge ve kısaltmalar dizini

Simgeler	Açıklama
°C	Celsius Derece
g	Gram
m	Metre
%	Yüzde

Kısaltmalar	Açıklama
mg	Miligram
mL	Mililitre
cm	Santimetre
mm	Milimetre
nm	Nanometre
MeOH	Metanol
EtOAc	Etil Asetat
DMSO	Dimetil Sülfoksit
İTK	İnce Tabaka Kromatografisi
NMR	Nükleer Manyetik Rezonans
HMBC	Heteronuclear Multiple Band Correlation
HETCOR	Heteronuclear Correlation
APT	Attached Proton Test
COSY	Correlation Spectroscopy
DEPT	Distortionless Enhancement by Polarization Transfer
TOCSY	Total Correlation Spectroscopy
IR	Infrared
UV	Ultraviyole
UV-VIS	Ultraviyole-Görünür Bölge
BHT	Butillenmiş Hidroksi Toluen
BHA	Butillenmiş Hidroksi Anisol
α-Tok	α-Tokoferol
ABTS	2,2'-azino-bis-(3-etilbenztiazolin-6-sülfonik asit)
GC	Gaz Kromatografisi

GC-MS	Gaz Kromatografisi-Kütle Spektrometrisi
DPPH	2,2-Difenil-1-pikrilhidrazil
Fe	Demir
Fe^{2+}	Ferro demir
Fe^{3+}	Ferri demir
FRAP	Demir (III) İndirgeme Kuvveti
GAE	Gallik asit eşdeğeri
IC_{50}	%50 İnhibisyon Konsantrasyonu
Na_2CO_3	Sodyum bikarbonat
Troloks	6-hidroksi-2,5,7,8-tetrametilkroman-2-karboksilik asit
d	dublet
t	triplet
m	multiplet
ppm	part per million
J	Etkileşme Sabiti (CouplingConstant)
LDL	Low density lipoprotein

Şekiller dizini

Şekil

Sayfa

Çizelgeler dizini

Çizelge **Sayfa**

1. Giriş

Serbest radikaller, organizmada normal metabolik yolların işleyişi sırasında veya pestisidler, aromatik hidrokarbonlar, toksinler, çözücüler, stres, radyasyon gibi çeşitli faktörlerin etkisiyle meydana gelmektedir. Serbest radikallerin en önemlileri süperoksit radikali ($O_2^{\cdot}$-), hidroksil radikali ($\cdot$OH), singlet oksijen ($1O_2$) ve radikalik olmayan hidrojen peroksit (H_2O_2) ve peroksinitrit (ONOO-) olup "reaktif oksijen türleri (ROT)" olarak bilinirler. ROT'lar organizmada lipidler, nükleik asitler, proteinler ve karbonhidratlar gibi biyolojik moleküllerle kolayca reaksiyona girebilirler. Bu yüzden yaşlanma, kanser, kardiyovasküler hastalıklar, immün sistem hastalıkları, katarakt, diyabet, böbrek ve karaciğer hastalıkları gibi pekçok hastalıktan sorumlu tutulurlar (Halliwell ve Gutteridge, 1990).

Antioksidanlar, serbest radikallerin etkilerini yok edici sistemdir. Günümüzde antioksidanların gıda sanayinde kullanımı oldukça yaygın olup tükettiğimiz her ürüne antioksidan maddeler katılmaktadır. Bunlar gıdaları bozulmaya karşı korumakla birlikte daha uzun süreli saklanmasını sağlarlar. Bütillenmis hidroksi toluen (BHT) (Şekil 1.1.b) ve bütillenmis hidroksi anisol (BHA) (Şekil 1.1.a) bu amaçla kullanılan yaygın bileşiklerdir. Ancak yapılan çalışmalarda bunların toksik etkileri üzerine şüpheler bulunmaktadır (Sun ve Fukuhara, 1997). Bu nedenle son yıllarda yeni, daha güvenli ve ucuz antioksidan maddelerin bulunması için doğal ürünler üzerinde yaygın çalışmalar yapılmaktadır. Antioksidanlar vücutta çok kısa ömürlü fakat saldırgan olan serbest radikaller diye adlandırılan moleküllerle savaşırlar. Eğer serbest radikaller nötralize edilmezlerse vücutta ciddi hasarlara neden olabilirler.

BHA (a)

BHT (b)

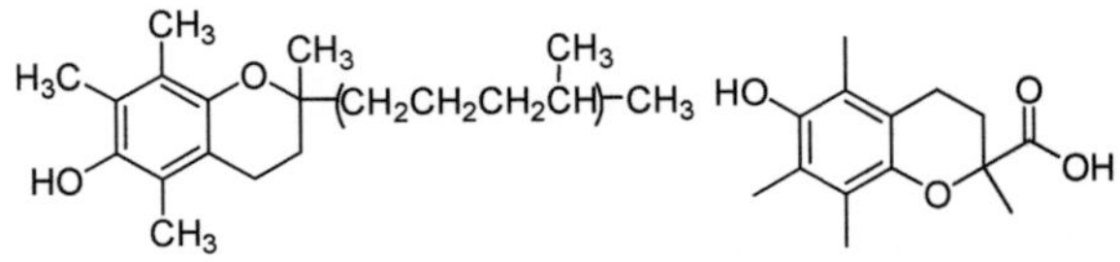

(c) (d)

Şekil 1.1. Sentetik ve doğal antioksidanlar a) 3-tersiyer butil-4-hidroksi anisol b) 3,5-tersiyer butil-4-hidroksitoluenc) α-tokoferol (vitamin E) d) troloks

BHA, her çeşit gıdaya katılan antioksidan madde olmakla beraber, özellikle esansiyel yağların tat ve rengini korumada kullanılmaktadır. Ayrıca, tahıl ve şekerleme ürünlerinde kullanılmakta olan kısa zincirli yağ asitlerinin (Hindistan cevizi ve palmiye özü yağları gibi) oksidasyonunun kontrolünde oldukça etkilidir (Shahidi ve Naczk, 1995).

Besinlerdeki doğal antioksidanlar arasında en önemlileri askorbik asit, vitamin E (α-tokoferol) (Şekil 1.1.c), karotenoitler ve skualen sayılabilir. Bitkinin her kısmında bulunan bu fenolik bileşikler, içerdikleri polifonksiyonel grupların etkisiyle indirgeyici ajan, metal şelatörü ve oksidasyon önleyici olarak etki gösterebilirler. Bitkilerde bulunan fenolik antioksidanlar genellikle flavonoid bileşikleri, fenolik asit türevleri, naftokinonlar, kumarinler ve tokoferollerdir. Doğal antioksidanlar organizmadan absorbe edildikten sonra fizyolojik fonksiyonları açısından önemli duruma gelirler (Triantaphyllou ve ark., 2001). Troloks (Şekil 1.1.d) ise vitamin E analoğudur.

Besinlere katılan sentetik antioksidanların yan etkilerinin ortaya çıkmasıyla doğal kaynaklı antioksidanlar üzerine yapılan çalışmalar ve doğal kaynaklı antioksidanların kullanımı giderek artmıştır. Sentetik antioksidanların fenolik yapıda olmaları nedeniyle bitkilerdeki fenolik yapılı bileşiklerin araştırılması hız kazanmıştır (Balasundram ve ark., 2006).

Bitkilerdeki antioksidan özellik gösteren maddelerin ekstresinin gıdalara katkı maddesi olarak katılmasının gıdaların oksidasyonunu önlediği ve insan sağlığı açısından da faydaları olduğu tespit edilmiştir (Shaidi, 2000).

Çalışma konumuz olan Fabaceae familyasında yer alan bitkiler, insanlar ve hayvanlar için büyük önem taşımaktadır. Bu bitkiler, hayvan sağlığı ve beslenmesinde önemli bir yere sahip olup (Foo ve ark., 2000), insan sağlığı açısından da bazı türlerin antidiabetik, antioksidan, anti-inflamatuar özellik gösterdiği, kalp hastalıklarına ve kansere karşı koruyucu olduğu belirtilmiştir (Khaled ve ark., 2000; Baytop, 1988).

Colutea cinsinin Dünyada 28 (Hang ve Larsen, 2010), Türkiye'de 5 türü (Davis, 1968) olduğu bilinmektedir. Yabani sinamekinin (*Colutea cilicica*) tıbbi aromatik bitkiler sınıfına girmesi ve *Colutea* cinsine ait türlerin birçok biyolojik aktiviteye (antibakteriyel, antifungal, antimalaryal, yara iyileştirme) (Ertürk, 2006; Bero ve ark., 2009; Ezer ve Arısan, 2006) sahip olması *C. cilicica* türünü seçmemizin nedenleri arasında yer almaktadır. Yapılan literatür çalışmaları sonucunda da *Colutea cilicica* türüyle yapılmış fitokimyasal ve biyolojik aktivite çalışmasına rastlanmaması (yara iyileştirme aktivitesi hariç (Süntar ve ark., 2011)) nedeniyle bu türün fitokimyasal bakımdan incelenmesi, sekonder metabolitlerinin izolasyonu, moleküler yapılarının aydınlatılması ve antioksidan özelliğinin belirlenmesi çalışmanın orijinal yönünü ortaya koymaktadır. Ayrıca bu çalışma ile Türkiye'de yetişen *Colutea* türlerinin kemotaksonomik bakımdan değerlendirilmesine ve izole edilen yeni bileşiklerin moleküler yapılarının tayini ile organik kimya bilimine katkı sağlanması amaçlanmıştır.

2. Kaynak Özetleri

2.1. Antioksidanlar

Antioksidanlar, serbest radikallerin oluşumunu engelleyerek veya mevcut radikalleri süpürerek hücrenin zarar görmesini engelleyen ve yapısında genellikle fenolik fonksiyon taşıyan moleküllerdir (Kahkönen ve ark., 1999; Nagai ve ark., 2005).

Canlı sistemlerde gerçekleşen bütün fizyolojik süreçler; enzim, hormon gibi farklı ajanlar tarafından yönetilen oksidasyon ve indirgenme reaksiyonlarının kompleks kombinasyonlarını içerir. Canlılarda redoks dengesinde meydana gelebilecek herhangi bir değişiklik, hücrelerin ve doku fonksiyonlarının bozulmasına sebep olabilir. Antioksidan maddeler dokularda doğal olarak bulunur ve farklı oksidasyon reaksiyonlarını düzenler (Cuttler ve Pryor, 1984).

Reaktif oksijen türleri (ROS) ve reaktif nitrojen türleri (RNS)'nin canlı organizmalarda lipid, protein, enzim ve nükleik asitlere hasar vererek; iltihap, kanser, damar tıkanıklığı, diabet, karaciğer zedelenmesi, Alzheimer, Parkinson ve koroner kalp hastalıkları gibi birçok hastalığın oluşumuna neden olan hücre veya doku zedelenmesine sebep olur (Duan ve ark., 2006).

Oksijenli solunum yapan (aerobik) organizmalar, ROS ve RNS türlerinin neden olduğu hasarı önlemek için antioksidan savunma mekanizmaları geliştirmişlerdir. Savunma mekanizması enzimatik veya non-enzimatik olabilir. Enzimatik mekanizmalar; süperoksit dizmutaz, katalaz, glutatyon redüktaz ve peroksidaz gibi enzimlerle gerçekleşir. Diğer yandan, non-enzimatik mekanizmalar, askorbik asit, α-tokoferol, β-karoten, glutatyon, flavonoidler, ürik asit, sistein, K vitamini, serum albumin, bilirubin, eser elementler (çinko ve selenyum) gibi yakalama ajanları ve antioksidanlardan oluşur (Chae ve ark., 2004). Her iki aşama da oksidatif reaksiyonlardan kaynaklanan hasarın giderilmesine katkı sağlamaktadırlar (Mosquera ve ark., 2007).

Son yıllarda, butillenmiş hidroksi anisol (BHA) ve butillenmiş hidroksi toluen (BHT) gibi sentetik antioksidanlar, DNA hasarına neden olsa da serbest radikal süpürücü etkilerinin yüksek olması nedeniyle gıdalara katkı maddesi olarak katılmaktadır (Sasaki ve ark., 2002).

Bu nedenle, ROS ve RNS türlerinin yol açtığı oksidatif stresten insan vücudunu korumak için serbest radikal süpürücü doğal kaynaklı antioksidanlara ilgi giderek artmaktadır (Gonçalves ve ark., 2005).

Dünyada yüksek yerlerdeki bitki türlerinin sayısının 400.000 civarında olduğu tahmin edilmektedir. Bitki sekonder metabolitleri muazzam kimyasal çeşitlilik gösterir ve gelişmiş ülkelerde, belirlenmiş farmasotik bileşiklerin yalnızca dörtte biri bitkilerden direkt veya indirekt (yarı sentetik) olarak elde edilmiştir (Hostettmann ve Terreaux, 2000).

Bitkiler, yüksek miktarlarda antioksidan ürettiklerinden, antioksidan aktivite gösteren yeni bileşiklerin kaynağını oluşturabilirler (Cuendet ve ark., 2000, Basman, 2004).

2.1.1. Moleküler Oksijenin Özellikleri

Moleküler oksijen (O_2), paralel spin durumlu iki ortaklaşmamış (eşleşmemiş) elektrona sahiptir. Ortaklanmamış (eşleşmemiş) elektron içeren atom, atom grubu veya moleküller **serbest radikal** olarak tanımlanırlar. Ancak Fe^{3+}, Cu^{2+}, Mn^{2+} ve Mo^{5+} gibi geçiş metalleri de ortaklanmamış elektronlara sahip oldukları halde serbest radikal olarak kabul edilmezler, fakat serbest radikal oluşumunda önemli rol oynarlar. Serbest radikaller pozitif yüklü (katyon), negatif yüklü (anyon) veya elektriksel olarak nötral olabilirler. Serbest radikal tanımına göre moleküler oksijen, bir biradikal (diradikal) olarak değerlendirilir. Biradikal oksijen, radikal olmayan maddelerle yavaş reaksiyona girdiği halde diğer serbest radikallerle kolayca reaksiyona girer. Biradikal oksijenin elektronlarından birinin enerji alarak kendi spininin ters yönünde olan başka bir orbitale yer değiştirmesiyle **singlet oksijen** oluşur. Singlet oksijen, eşleşmemiş elektronu olmadığı için radikal olmayan reaktif oksijen molekülüdür, delta ve sigma olmak üzere iki şekli vardır. Organizmada geçiş metallerini (Fe^{+2} ve Cu^{+} gibi metaller) içeren enzimler vasıtasıyla moleküler oksijene tek elektronların transferi suretiyle oksidasyon reaksiyonları meydana gelir. Moleküler oksijen, biradikal doğasının bir sonucu olarak yüksek derecede **reaktif oksijen türleri (ROT)** oluşturma eğilimindedir (Dawn ve ark., 1996; Akkuş, 1995; Tietz, 1995; Burtis ve Ashwood, 1999).

2.1.2. Reaktif Oksijen Türleri (ROS)

Reaktif Oksijen Türleri (ROS), normal oksijen metabolizması sırasında az miktarda oluşan **süperoksit radikali ($O_2^{\cdot-}$), hidrojen peroksit (H_2O_2) ve hidroksil radikali ($OH^{\cdot}$)**'dir (Eşitlik 2.1).

$$\underset{\text{moleküler oksijen}}{O_2} \xrightarrow{e^-} \underset{\text{süperoksit radikali}}{O_2^{\bullet-}} \xrightarrow{e^-,2H^+} H_2O_2 \xrightarrow{e^-,H^+} H_2O + \underset{\text{hidroksil radikali}}{OH^{\bullet}} \xrightarrow{e^-,H^+} H_2O \quad (2.1)$$

Reaktif oksijen türleri, çeşitli serbest radikallerin oluştuğu serbest radikal zincir reaksiyonlarını başlatabilirler ve hücrede karbon merkezli organik radikaller ($R^{\cdot}$), peroksit radikalleri ($ROO^{\cdot}$), alkoksi radikalleri ($RO^{\cdot}$), tiyil radikalleri ($RS^{\cdot}$), sülfenil radikalleri ($RSO^{\cdot}$), tiyil peroksit radikalleri ($RSO_2^{\cdot}$) gibi çeşitli serbest radikallerin oluşumuna neden olurlar ((Dawn ve ark., 1996; Akkuş, 1995; Tietz, 1995; Burtis ve Ashwood, 1999).

Doğada Reaktif Oksijen Türleri (ROS), radikal veya radikal olmayan formda bulunabilir (Çizelge 2.1.)

Çizelge 2. 1. Radikal ve radikal olmayan türler

Radikal türler	**Radikal olmayan türler**
Moleküler oksijen, O_2	Hidrojen peroksit, H_2O_2
Süperoksit, $O_2^{\bullet -}$	Hipokloröz asit, HOCl
Hidroksil, $^{\bullet}OH$	Ozon, O_3
Peroksil, $RO_2^{\bullet}$	Singlet oksijen, $1\Delta g$
Alkoksil, $RO^{\bullet}$	Peroksinitrit
Hidroksiperoksil, $HO_2^{\bullet}$	

DPPH· ve bir antioksidan (H-A) arasındaki radikal giderme reaksiyonu Eşitlik 2.2.'deki gibi yazılabilir.

$$\underset{\text{mor}}{(\text{DPPH}^{\cdot})} + (\text{H-A}) \longrightarrow \underset{\text{sarı}}{\text{DPPH-H}} + (\text{A}^{\cdot}) \qquad (2.2)$$

Antioksidanlar, DPPH· radikali ile tepkimeye girerek, radikali DPPH-H formuna indirgeyerek kendisi kararlı serbest radikal oluşturur. Renk değişiminin derecesi, ekstraktın veya antioksidan bileşiğin hidrojen verebilme yeteneğine göre radikal süpürme potansiyelini gösterir (Benabadji ve ark., 2004).

2.1.3. Antioksidan Aktivitenin Değerlendirilmesi

Antioksidanlar, oksidatif sürecin farklı aşamalarında etkilidirler. Bu aşamalar şu şekilde gruplandırılabilir (Moure ve ark., 2001) :

- Başlangıç radikallerini süpürücü
- Metal iyonlarını bağlayıcı
- Peroksil radikallerini süpürücü
- Oksidatif hasar görmüş biyomolekülleri uzaklaştırıcı

Genellikle, hidroperoksit oluşumunu geciktirme yöntemi ya da oksidasyon boyunca oluşan sekonder ürünleri kimyasal ve duyumsal olarak tespit yöntemi kullanılmaktadır (Shaidi ve Naczk, 1995).

2.1.4. Tayin yöntemleri

2.1.4.1. Lipid peroksidasyonunun inhibisyonuna dayalı yöntemler

- Peroksit sayısı
- Schaal fırın testi
- Tiyobarbitürik asit testi (TBARS)
- β-karoten-linoleik asit sistemi
- Ransimat yöntemi

2.1.4.2. Serbest radikal süpürücü etkiye dayalı yöntemler

- Toplam antioksidan kapasite ölçümü (TEAC)
- DPPH· radikal süpürücü etki
- Toplam radikal-trapping parametre (TRAP)
- $ABTS^{+\cdot}$ radikal katyon renksizleştirme yöntemi
- Oksijen radikali absorpsiyonu yeteneği yöntemi (ORAC)
- Süperoksit anyon süpürücü aktivite testi (FRAP)
- Elektron spin rezonans spektroskopisi (ESR)

Toplam antioksidan kapasite ölçümü (TEAC): Trolox eşdeğer antioksidan kapasite (TEAC) yöntemi ile toplam antioksidan kapasite ölçülebilmektedir. Bu yöntemin temeli, oluşan radikallerin ABTS (2,2'-azinobis-(3-etilbenzotiyazolin)-6-sulfonik asit) ile reaksiyonuna dayanır (Frankel ve Meyer, 2000).

DPPH· radikal süpürücü etki: Antioksidanlar, DPPH (2,2-Difenil-1-pikrilhidrazil) radikaline bir hidrojen atomu vererek DPPH· radikalini DPPH-H formuna dönüştürerek radikal süpürme etkisi gösterirler.

Diğer yöntemlere göre daha kısa zamanda sonuç veren bir yöntemdir (Molynex, 2004; Sanchez-Moreno ve ark., 1998; Sanchez-Moreno ve ark., 1999; Cakir ve ark., 2003).

Toplam radikal-trapping parametre (TRAP): Plazma veya serumun "toplam antioksidan kapasitesi"ni ölçmek için geliştirilmiştir (Wayner ve ark., 1985). Bu test, plazma antioksidanlarının oksitlenmesi için 2,2′-azobis(2-amidinopropane) hydrochloride (ABAP) tarafından üretilen peroksi radikallerini kullanır ve oksitlenme, oksijen absorpsiyonu ile gözlenir (Frankel ve Meyer, 2000). İndüksiyon süreci, suda çözünebilir bir antioksidan olan Trolox maddesinin referans olarak kullanılması ile belirlenir. Bu metot daha sonra, ABAP ile oksidasyondan önce linoleik asit ilavesiyle modifiye edilmiştir (Wayner ve ark., 1986).

$ABTS^{+\cdot}$ radikal katyon renksizleştirme yöntemi: Metmiyoglobulinden üretilen ferrylmyoglobin radikali ile H_2O_2 ve peroksidaz arasındaki reaksiyondan, radikal katyon $ABTS^{\cdot+}$ (2,2′-azinobis-(3-etilbenzotiyazolin)-6-sulfonik asit) üretilir. Antioksidanların $ABTS^{\cdot+}$ radikal katyon süpürmesi, 734 nm'deki absorbansın düşüşü ile ölçülür (Miller ve ark., 1993; Miller ve ark., 1995; Rice-Evans ve Miller, 1994).

Oksijen radikali absorpsiyonu yeteneği yöntemi (ORAC): Suda çözünen fitokimyasalların antioksidan aktivitelerini değerlendirmek için uygulanan bu yöntemde floresan proteini R-fikoeritrin (kırmızı reseptör pigmenti içeren fikobilirubin) ve peroksil radikali oluşmasına neden olan AAPH (2,2′-azobis(2-amidinopropan)dihidroklorid) kullanılmaktadır (Tsao ve Deng, 2004; Frankel ve Meyer, 2000).

Süperoksit anyon süpürücü aktivite testi (FRAP): Düşük pH'da antioksidanın demir tripidil-triazine kompleksini (Fe^{+3}-TPTZ), mavi renkli demir kompleksine (Fe^{+2}-TPTZ) indirgeyebilme yeteneğiyle ölçülmektedir (Benzie ve Strain, 1996; Benzie ve Strain, 1999).

Elektron spin rezonans spektroskopisi (ESR): Bu yöntemin temeli, radikalin bünyesinde bulunan magnetik enerji seviyesinin dışarıdan uygulanan bir magnetik alanla iki farklı enerji seviyesine ayrılma olayı üzerine kurulmuştur. Kısa ömürlü radikallerin ölçümü bu yöntemle zor olduğundan uzun ömürlü radikallerin doğrudan analizi için oldukça uygun bir metottur (Rice-Evans ve ark., 1991; Antolovich ve ark., 2002).

Literatürde *Colutea* türlerinin antioksidan aktiviteleri ile ilgili çalışma yok denecek kadar azdır. Bunlardan bir tanesi Souri ve arkadaşlarının (2004) yaptığı bir çalışmadır. Bu çalışmada, *C. persica* türünü de içine alan 60 İran bitkisinin antioksidan aktivitesi araştırılmıştır. Sonuçlar, pozitif kontrol olarak kullanılan α-tokoferol (IC_{50}=0.60 μg) ile karşılaştırılmış ve *C. persica*'nın yüksek antioksidan kapasiteye sahip olduğu (IC_{50}=0.41 μg) tespit edilmiştir.

2.2. Fabaceae (*Leguminosae*) Familyasının Özellikleri

2.2.1. Genel Özellikleri

Fabaceae familyası büyük ve önemli familyalardan birisidir; otsu, çalı ve ağaçsı, otsu veya odunsu sarılıcı bitkilerdir; 450-500 cinsi dahil 10000 kadar türü vardır (Seçmen, 1995). Yapraklar çoğunlukla tüysü, trifoliat (üçgül), ender olarak da basittir. Sürgünlere sarmal veya almaçlı olarak dizilmiştir. Kulakçıklar (stipul) mevcut; yaprak sapında ve pinnanların tabanında özel hareket organları (pulvinus) gelişir. Kök yumrucuklarında havanın serbest azotunu bağlayan *Rhizobium* cinsine ait bakteriler simbiyoz halde yaşarlar. Çiçekler aktinomorf veya zigomorf, hermafrodit (erselik), K5 C5 A9+1 G1 üst durumludur. Meyve bakla (legümen, apokarp meyve) dır. Tohumlarında endosperm (besi doku) yoktur, besin kotiledonlarda depo edilir.

Türkiye'de yaşayan familyalar içerisinde Asteraceae'den sonra en fazla türe sahip olan ikinci familyadır. Türkiye'de en fazla endemik tür içeren *Astragalus* L. cinsi de bu familyada yer alır. Endemizm oranı %63'tür (Engin, 1993).

Türkiye, coğrafi konumu itibariyle birçok araştırmacının dikkatini çekmiştir. Türkiye florası ile ilgili en kapsamlı çalışma olan "The Flora of Turkey and East Aegean Island" (Davis, 1966-1986) adlı eserin 3. cildinde Fabaceae familyası için Türkiye'de 68 cins ve 926 türün yayılışı verilmektedir. Baytop (1988) "İstanbul Üniversitesi Eczacılık Fakültesi Herbaryumundaki Türkiye Bitkileri" kitabında 68 cins ve 440 türe ait örnek bulunduğunu belirtmektedir.

Türkiye'de *Colutea* cinsine ait 5 tür bilinmektedir (Davis, 1968). Bu türlerin yayılış alanları ve bu türlerle ilgili biyolojik aktivite, fitokimyasal çalışmalar çizelge 2.2'de verilmiştir.

Çizelge 2.2. Türkiye'de yetişen *Colutea* türleri, yayılış alanları ve yapılan çalışmalar

Tür	**Bulunduğu iller**	**Biyolojik aktivite ve izolasyon çalışmaları**
Colutea armena Boiss. et Huet	Erzurum, Artvin, Kars	-
Colutea cilicica Boiss. et Bal.	Çanakkale, İstanbul, Kocaeli, Adapazarı, Kastamonu, Çorum, Samsun, Giresun, Kütahya, Eskişehir, Çankırı, Nevşehir, Sivas, Tunceli, Siirt, Bitlis, Antalya, Mersin, Hatay, Hakkari	Yara iyileştirme aktivitesi (Süntar ve ark., 2011)
Colutea istria Miller	Hatay	İzoflavonoid izolasyonu (Radwan, 2008)
Colutea melanocalyx Boiss. et Heldr. subsp. melanocalyx Boiss. et Heldr *Colutea melanocalyx* Boiss. et Heldr. subsp. Davisiana (Browicz) Chamb.	Antalya, Isparta Uşak, İzmir, Manisa, Kütahya, Burdur	-
Colutea insularis		-

2.2.2. *Colutea cilicica* bitkisinin yayılımı ve özellikleri

Şekil 2. 1. *Colutea cilicica* bitkisi

Sistematik

Latince Adı : *Colutea cilicica* (Babaç ve Bakış, 2010)

Alem : Plantae

Bölüm : Magnoliophyta

Sınıf : Magnoliophyta

Takım : Fabales

Familya : Fabaceae

Alt Familya :Faboideae

Cins : Colutea L.

Tür : *Colutea cilicica*

Endemik : Endemik değil

Morfoloji

Çiçeklenme Zamanı : Nisan-Eylül

Çiçeklilik Süresi : Birkaç ay

Rakım (En Düşük-En Yüksek) : 100-2000 m

Bitki Tanıma

Bitki Yetişme Alanları : Bozkır komüniteleri

Yaşam Süresi : Çok yıllık

Yetiştiği Şehirler :Antalya, Bitlis, Çanakkale, Çankırı, Çorum, Eskişehir, Giresun, Hakkari, Hatay, İçel, İstanbul, Kastamonu, Kocaeli, Kütahya, Nevşehir, Sakarya, Samsun, Siirt, Sivas, Tunceli

Genel Dağılım : Batı veKuzeydoğu Anadolu

Şekil 2. 2. Yabani sinameki (*C. cilicica*) ağacı

2.2.3. *Colutea cilicica* türünün halk arasındaki kullanımı

Bazı hekimler, *C cilicica* bitkisinin kurutulmuş meyve dallarını kaynatarak hazırlanan karışımı çocuklarda yara ve abse tedavisinde kullanmaktadırlar. Bazı hekimler de bitkinin küllerini, bitkisel yağdan merhem yapmada kullanmaktadırlar (Ezer ve Arısan, 2006).

C. cilicica meyveleri toz haline getirildikten sonra bakır bir kapta siyahlaşıncaya kadar ısıtılarak karıştırılır. Karışım, enfeksiyon kapan yaranın üzerine tatbik edilerek yaraların tedavi edilmesinde kullanılır (Sezik ve ark., 2001).

2.2.4. *Colutea* türlerinin biyolojik aktiviteleri ve izolasyon çalışmaları

Colutea cilicica Boiss.&Bal bitkisinin meyve ve yapraklarının sulu ekstraktlarının *in vivo* ortamda (fare ve ratlarda) yara iyileştirme aktivitesini inceleyen Süntar ve ark. (2011) *C. cilicica*'nın olgunlaşmış, tohumlu meyvelerinin sulu ekstraktlarının diğer ekstraktlarla ve kontrol grubu ile karşılaştırıldığında daha iyi yara iyileştirme aktivitesine sahip olduğunu belirlemişlerdir.

Ertürk (2006), *Colutea arborescens*'i de içine alan Türkiye'nin çeşitli yerlerinden topladığı 11 bitkinin 3 Gram pozitif bakteri (*Bacillus subtilis, Staphylococcus aureus* ve *S. epidermidis*) ve 2 Gram negatif bakteri (*Escherichia coli* ve *Pseudomonas aeruginosa*)'ye karşı agar seyreltme metodu kullanarak in vitro ortamda antibakteriyel aktivitesini incelemiştir. Ayrıca, agar seyreltme ve disk-difüzyon metotlarını kullanarak bu bitkilerin *Candida albicans* mayasına ve *Aspergillus niger* mantarına karşı olası toksitelerini belirlemiştir. *C. arborescens* bitki ekstraktının *C. albicans* mayasına ve *A. niger* mantarına karşı antifungal standart nystatin'den daha yüksek inhibitör aktivite gösterdiğini tespit etmiştir.

Grosvenor ve Gray (1996) yaptıkları bir çalışmada *Colutea arborescens*'in köklerinden iki yeni antifungal özellik gösteren izoflavonoid ((3R)-colutequinone (7,3′,4′-trimethoxyisoflavan-2′,5′-quinone) **(1)** ve (3R)-colutehydroquinone (2′,5′-dihydroxy-7,3′,4′-tri-methoxyisoflavan)'in **(2)** izolasyonunu gerçekleştirmişlerdir.

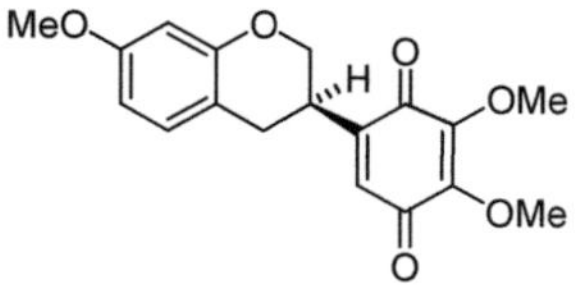

(1) 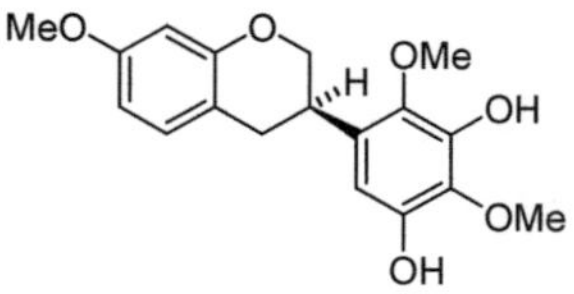 **(2)**

Aynı grup, iki yeni antifungal özellik gösteren izoflavonoid coluteol (3′,5′-dihydroxy-7,2′,4′-trimethoxyisoflavan) **(3)** ve colutequinone B (7, 4′,6′-trimethoxyisoflavan-2′,5′-quinone) **(4)** izole etmişlerdir (Grosvenor ve Gray, 1998).

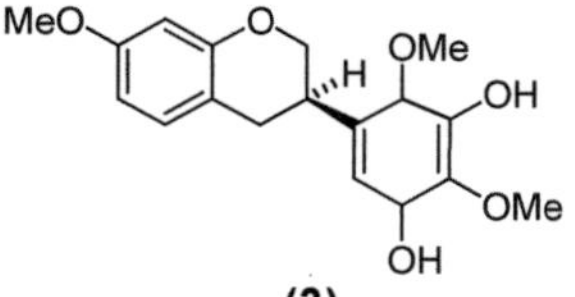

(3) 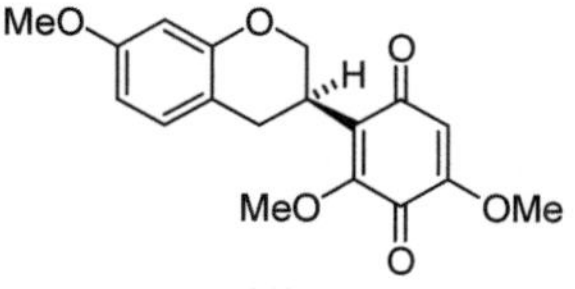 **(4)**

Colutea cinsinin çimlenme oranının düşük olması ve mantarsı saldırılara karşı tohumlarının son derece hassas olması, bu cinsin kültüre alınmasını sınırlamaktadır. Bu amaçla Aguinagalde ve ark. (1990), *Colutea arborescens* ve *C. atlantica* çekirdeklerinin kabuklarından kaempferol, quercetin ve myricetin glikozitlerini tespit ederek bunların biyolojik aktivitelerini belirlemiş ve ekofizyolojik rollerini çalışmışlardır. Aynı grup, bu bitki türlerinin çekirdeklerinin kabuklarından izole ettikleri *Sterigmatomyces polyborus* ve *Cladosproium cladosporoides*'in büyümesini yavaşlatma testini uygulamışlardır. *C. atlantica* çekirdeklerinin kabuklarından kaempferol 3-glucoside **(5)**, quercetin 3-glucoside **(6)**, quercetin 3-rhamnoside **(7)**, kaempferol 3-digalactoside **(8)**, kaempferol 3-rutinoside **(9)**, quercetin 3-rutinoside **(10)**, myricetin 3-rutinoside **(11)**, kaempferol 3-rutinoside-7-glucoside **(12)** ve quercetin 3-rutinoside-7-glucoside **(13)** bileşiklerini; *C. arborescens*'den ise (5, 6, 8, 9, 10, 11, 12 ve 13) bileşiklerinin yapısını aydınlatmışlardır.

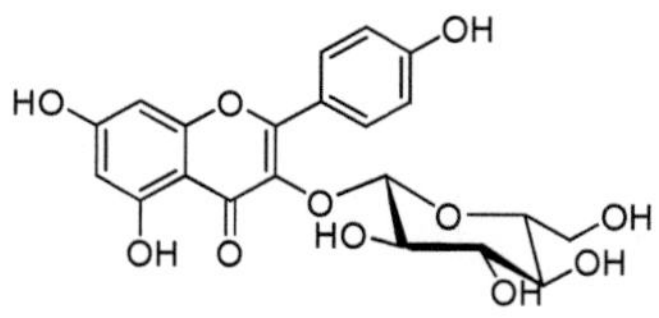

(5)

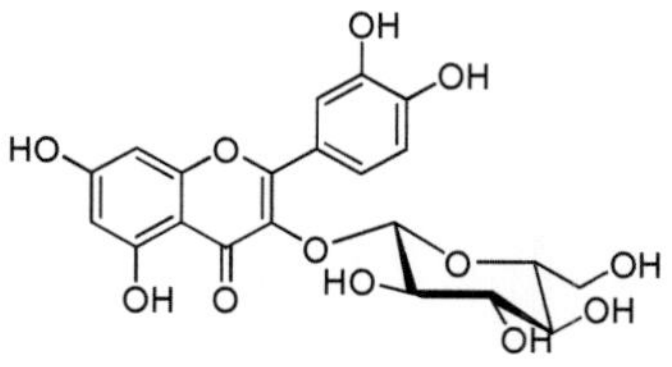

(6)

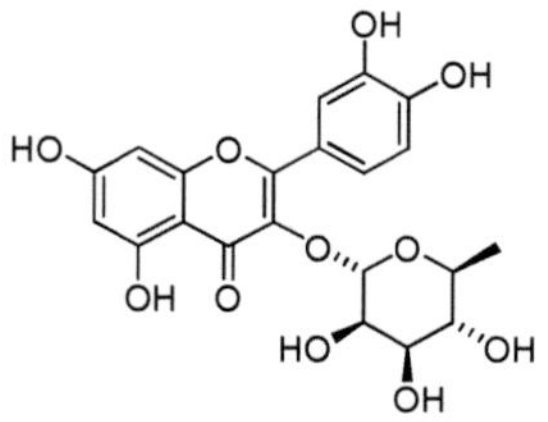

(7)

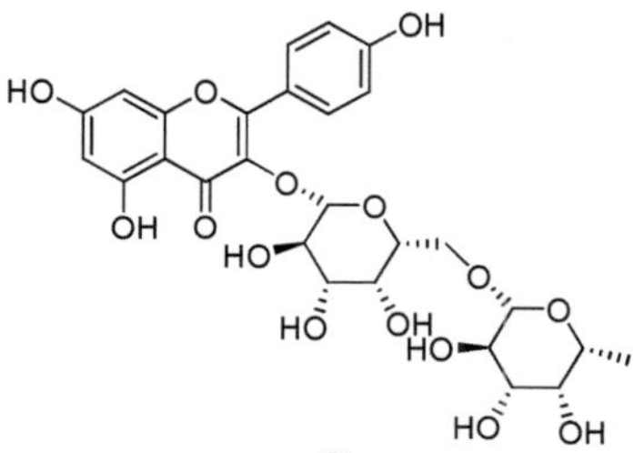

(8)

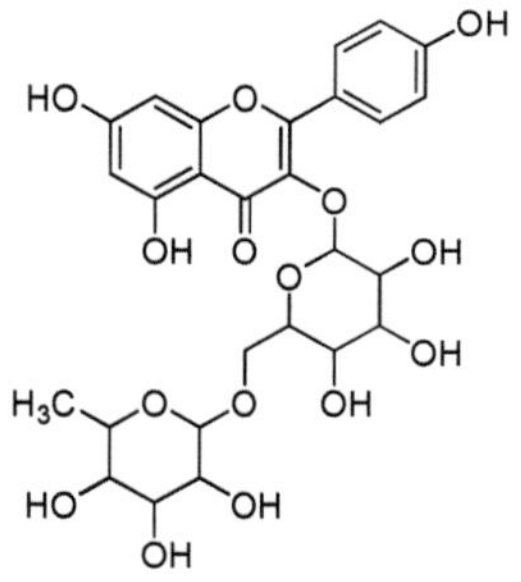

(9)

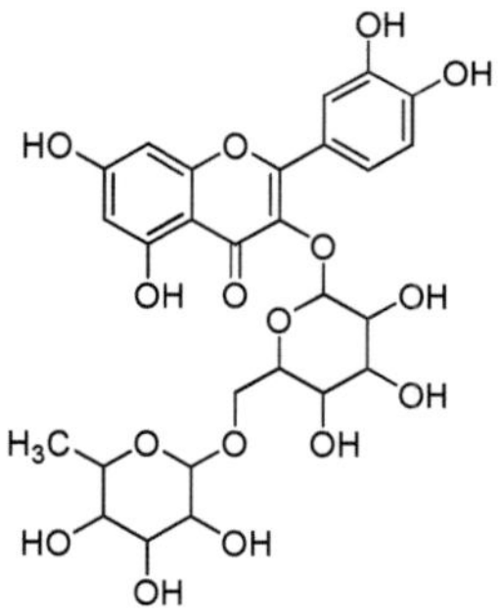

(10)

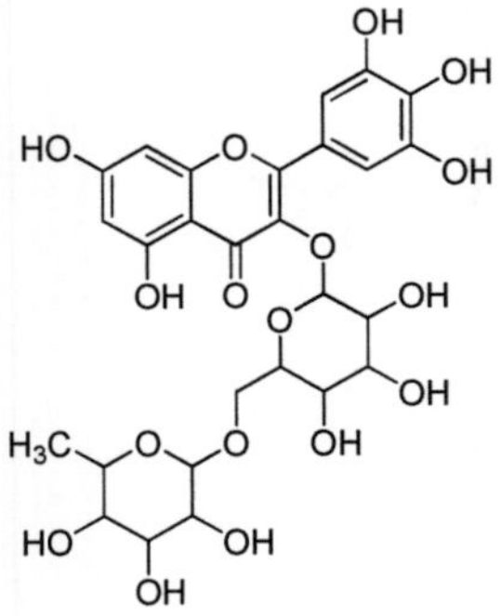

(11)

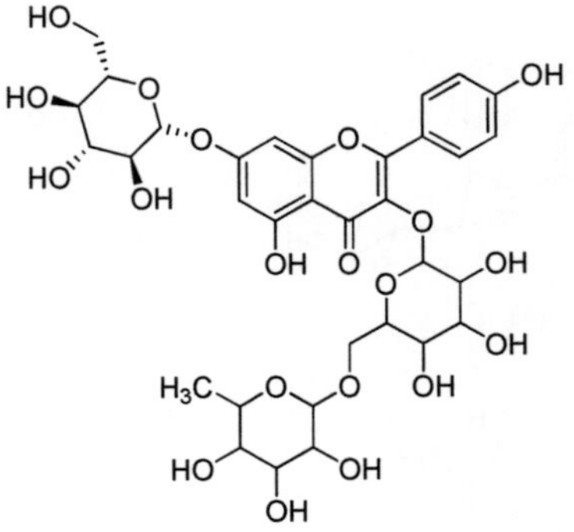

(12)

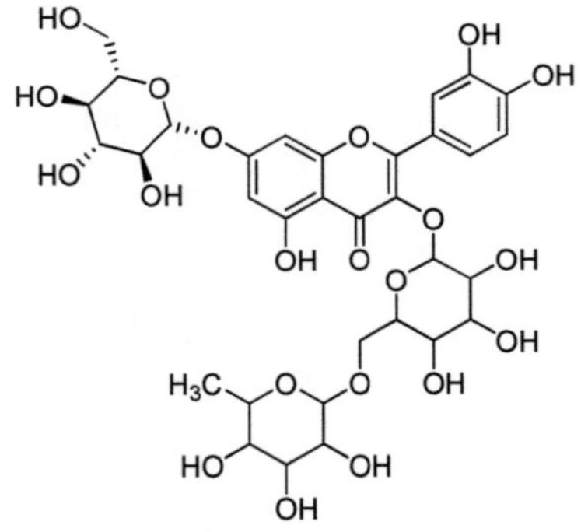

(13)

2.3. Sekonder Metabolitler

2.3.1. Steroidler ve steroid glikozitleri

Steroidler ve steroid glikozitleri, bitki ve hayvanlarda yaygın olarak bulunan bileşiklerdir. Steroid grubunun içinde, steroller, vitamin D, mide ve safra asitleri, kalp glikozitleri, adrenal korteks hormonları ve cinsiyet hormonları, karsinojik hidrokarbonlar, bazı saponinler yer almaktadır. Steroidlerin temel yapısı siklopentanoperhidrofenantren halka sistemidir ve genelde 29 C atomu ya da 27 C atomundan oluşur. Bu halka, dört halkanın birleşmesi ile oluşmuştur (Şekil 2.3). Halka sistemi A halkasından başlayarak numara ve harflerle işaretlenir. Substitüentler genellikle C3, C7, C12 de bulunur (Işık, 2005).

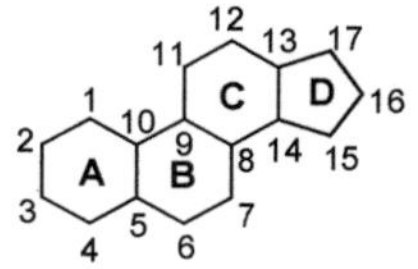

Şekil 2.3. Siklopentanoperhidrofenantren

Bitkisel steroidler genellikle C-3 de hidroksil, C-5 de çifte bağ ve C-17 de yan zincir taşırlar. Bu bileşiklerde halka üyesi atomlar iki paralel düzlem içerisinde bulunurlar ve bunlara bağlı gruplar arasında da, aynen siklohekzan türevlerinde olduğu gibi, *cis* ve *trans* durumlar meydana çıkmaktadır. Bu durumun belirlenmesi, C-10 daki CH_3 grubu ile C-3 deki hidroksil grubuna bakılarak yapılır. C-3 teki hidroksil grubu, C-10 daki metil grubu ile dik açı yaparsa *cis* yapı mevcuttur ve bu konuma β şekli denir. Eğer C-10 daki metil ve C-3 teki hidroksil grubu parallel olursa *trans* yapı ya da α şekli söz konusudur. Yan zincirin konfigürasyonu steroidlerde genellikle β şeklindedir. B ile C halkaları ve C ile D halkaları genellikle *trans* bağlanmıştır (Cram ve Hammond, 1964).

Doğada, bitkisel yağlar, yağlı tohumlar, bitki tohumlarında bulunmaktadır. Kaynaklara göre bitki türevli sterollerin 200'den fazla türevi bilinmektedir. En yaygın olarak bulunanları ise başta β-Sitosterol (%80) olmak üzere, stigmasterol, kampesterol ve ergosteroldür.

Aşağıda bazı steroid türevleri verilmiştir (Christie, 2011) (Şekil 2.4.).

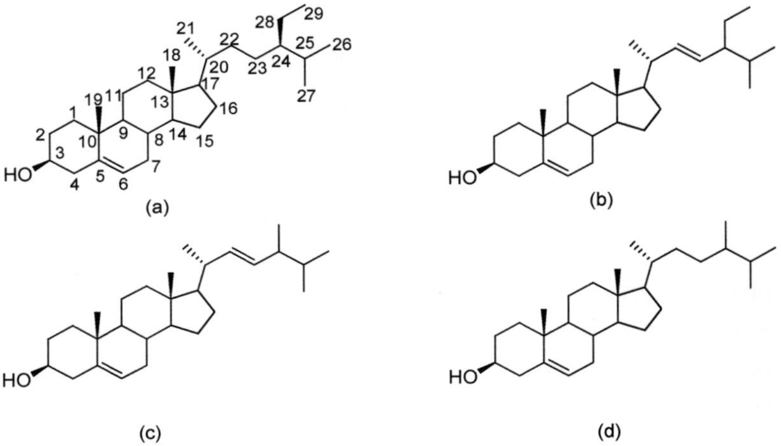

Şekil 2. 4. Bazı doğal steroid türevleri (a) Sitosterol (b) Stigmasterol (c) Brassicasterol (d) Campesterol

Fitosteroller, yan zincirlerinde ekstra bir metil veya etil grubu veya bir çift bağ bulundurmaktadır. Örneğin; stigmasterolün 24. karbonunda bir etil grubu, 22. karbonunda etilenik bağ bulunmaktadır.

2.3.1.1. Kullanım Alanları

Fitosteroller gıda muhtevası veya katkısı olarak gıda sektöründe kullanılmaktadır. Ayrıca bağırsaklarda kolesterol emilmesini azalttıklarından kolesterol azaltıcı bir etkiye sahiptirler. Fitosteroller insanlarda kolesterolü %15 oranında azaltabilirler.

Fitosteroller (bitki sterolleri ve bitki stanolleri), insan sağlığı için çeşitli biyoaktif özelliklere sahiptirler. Kolesterolün bağırsaktaki emilimini engelleyerek, kandaki toplam ve LDL (low density lipoprotein (düşük yoğunluklu lipoprotein))-kolesterol seviyelerini düşürücü etki göstermektedir. Fitosterollerin bazı kanser türlerine karşı koruyucu etkileri ile antibakteriyel, antifungal ve antiülser etkileri de bilinmektedir. Beslenmede doğal bileşen olarak bütün bitkisel orijinli gıdalardan temin edilebilen fitosteroller, günümüzde fonksiyonel gıda bileşenleri olarak çeşitli gıdalara ilave edilmektedir (Taşan, 2008).

2.3.1.2. Steroidlerin Tanınmaları

Steroidler, bitkiden değişik polaritede çözücülerle ekstrakte edilirler. Genellikle polar olmayan çözücüler kullanılır. Ancak steroid molekülünün hidroksil ve karboksil gibi gruplar içermesi veya steroid molekülüne glikozit bağlı olması durumunda alkol, etilasetat gibi daha polar çözücüler kullanılır. Steroidlerin yapıları spektroskopik ve kimyasal yöntemlerle tayin edilmektedir.

UV (Ultraviyole) spektroskopisi steroidler için fazla bilgi vermez. Steroidlerin çifte bağları genel olarak izole durumdadır ve 200-210 nm de kuvvetli bir uç absorpsiyon gösterirler (Ulubelen ve ark., 1971).

IR (İnfrared) spektroskopisi, steroidlerdeki sübstitüentlerin açıklanmasında önemli rol oynar, hidroksil grupları 3000-3500 cm^{-1}'de, alifatik C-H bağları 2850-2900cm^{-1}'de görülürler.

^{1}H NMR (Nükleer manyetik rezonans) spektrumunda, metil pikleri 0.0-1.5 ppm arasında, metilen bantları 1.0-2.5 ppm arasında çıkar. Steroidlerde metilen pikleri çok karmaşık ve yaygındırlar. Bunedenle metilen bantları yerine metilen zarfı denilmektedir. Hidroksile komşu hidrojenler 3.5-4.5 ppm de ve doymamışlık bantları 5-6 ppm de görülürler.

Kütle spektrumunda en önemli bantlar, M^+, $[M\text{-}CH_3]^+$, hidroksil grubu varsa $[M\text{-}H_2O]^+$ parçalanma ürünleridir. Diğer parçalanma ürünleri ise, [M-D halkası + yan zincir], $[M\text{-D halkası+H}]^+$, $[M\text{-D halkası + H-}H_2O]^+$ bantlarıdır (Budzikiewicz ve ark.,1964).

2.3.2. Fonksiyonlu Grup İçeren Hidrokarbonlar

Bitkilerde bulunan fitokimyasallar arasında, yağlar, hidrokarbonlar, fonksiyonlu grup içeren hidrokarbonlar, terpenler, aromatik bileşikler, fenolik bileşikler, aminler, amino asitler, proteinler ve alkoloidler bulunmaktadır.

Yağlar apolar sistemlerde çözünebilen, suda çözünmeyen bileşiklerdir. Yağ moleküllerinin hepsinin yapısında büyük bir hidrokarbon kısmı vardır. Sabit yağlar bitki ve hayvanlarda depo maddesidir. Bitkilerde özellikle tohumlarda (endosperma veya kotiledon'da) nadiren mezokarpta bulunur. Lipitler grubundan olan sabit yağların büyük kısmını (%95-98) gliseritler oluşturur. Sabit yağlarda bulunan diğer maddeler (%2-5); mum, steroller, fosfatitler, yağda eriyen vitaminler, alifatik alkoller ve hidrokarbonlardır (Sakar ve Tanker, 1991).

Gliseritler değişik yağ asitlerinin gliserinle olan esterlerinden meydana gelmiştir. Gliseritlerde en çok bulunan yağ asitleri şunlardır:

Laurik asit CH_3-$(CH_2)_{10}$-COOH

Palmitik asit CH_3-$(CH_2)_5$-CH=CH-$(CH_2)_7$-COOH

Stearik asit CH_3-$(CH_2)_6$-COOH

Oleik asit CH_3-$(CH_2)_7$-CH=CH-$(CH_2)_7$-COOH

Hidrokarbonlar polaritesi düşük olan organik bileşiklerdir, doymuş veya doymamış yapıda bulunabilirler.

Ester grubu içeren hidrokarbonlar alkol ve asitlerin kondenzasyon ürünleridir ve hoş bir kokuya sahiptirler. Çeşitli meyvelerde bulunan uçucu esterler Çizelge 2.3.'de gösterilmektedir.

Çizelge 2.3. Meyvelerde bulunan uçucu esterler

Çilek	**Elma**	**Ananas**
Etil bütirat	Etil asetat	Etil asetat
Etilisovarelat	Etil bütirat	Metil isokaproat
İsoamil asetat	Etil valerat	Metil isovalerat
Etil kaproat	Propil bütirat	Metil kaprilat
2-heksenil asetat		Etil akrilat

Yağ asitleri, uzun bir hidrofobik hidrokarbon grubuna bağlı, polar bir hidrofilik baş içeren bileşiklerdir (Kaufman et al., 1999). Bitkilerde en çok bulunan yağ asitleri oleik ve palmitik asittir. Bunlardan 16 karbonlu palmitik asit, yaprak lipidleri içinde ve bazı tohum yağlarında bulunan bir yağ asididir.

Literatürde *Colutea* cinsinin sabit yağ içeriği ile ilgili çalışmaların çok az olduğu tespit edilmiştir. Bağcı ve ark. (2004), *Colutea* cinsini de içine alan Fabaceae familyasına ait farklı cinslerin sabit yağ içeriğini belirlemişlerdir. *C. melanocalyx* türünde ana bileşen linoleik asit (% 62.8) olarak bulunmuştur.

2.3.3. Glikozitler

Glikozitler, şeker (glikon) ve şeker olmayan (aglikon) olmak üzere iki kısımdan oluşur. Şekerlerin bir kısmı yarı-asetal formunda bulunur. Yarı-asetal şekerler, alkollerle tam asetallere dönüşürken 1 mol su ayrılır. Böylece oluşan asetallere glikozit, bir şeker ve bir alkol arasındaki bağa da glikozit bağı denir (Solomons, 2002).

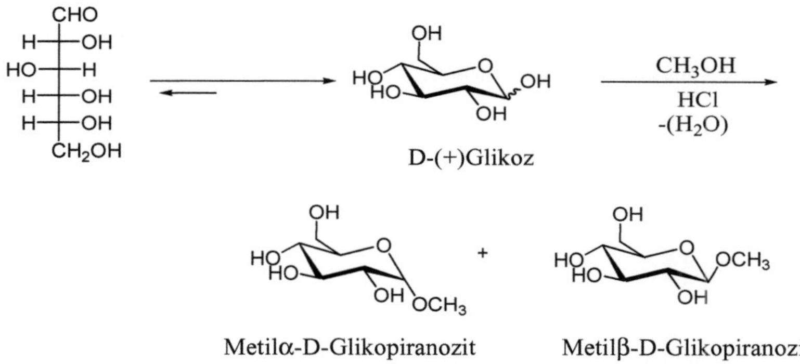

CHO H—OH HO—H H—OH H—OH CH_2OH ⇌ D-(+)Glikoz $\xrightarrow[HCl, -(H_2O)]{CH_3OH}$ Metilα-D-Glikopiranozit + Metilβ-D-Glikopiranozit

Şekil 2. 5. Glikozit oluşumunu gösteren genel mekanizma

Glikozit oluşumunu gösteren genel metabolizma Şekil 2.5.'te verilmiştir.

2.3.3.1. Glikozitlerin Genel Özellikleri

Doğada bol miktarda bulunan glikozitler, bitki ve hayvanlardan izolasyonla saf olarak elde edilebilirler. Yaygın olarak ilaçlarda kullanılan glikozitler, günümüzde dermatolojik ve damar hastalıklarının tedavisinde kullanılmaktadır (Maul ve ark., 1999; Kırmızıgül ve ark., 1996).

Bitkilerde bulunan glikozitler genellikle katıdır, amorf ve renksiz veya beyaz renklidir. Polar olduklarından su, metanol, etanol, aseton, etil asetat ve piridinde çözünürken petrol eteri ve eter gibi çözücülerde çözünmezler. Ancak bazı glikozitler kloroformda çözünmektedir. Glikozitler için genel sayılabilecek çözücü %70-90 etanol'dür. (Conn, 1980).

Bitki içeriğinde yer alan fitokimyasalların bazıları parazitlere karşı sığır yetiştiriciliğinde kullanılmaktadır. Glikozitleri de içine alan birçok doğal bileşik grubunun bitkileri mikrobakteriyel saldırılardan koruma özelliği bulunduğu, bu nedenle de tarımda kullanıldığı bilinmektedir (Marley ve ark., 2003; Tschesche ve Wulff, 1973; Woitke ve ark., 1970).

2.3.3.2. Glikozitlerin Sınıflandırılması

Glikozitleri değişik şekillerde sınıflandırmak mümkündür. Glikozidik bağlanmanın oluşumunda söz sahibi atoma göre 4 ana grupta sınıflandırılabilir;

a) N-Glikozitleri (Glikozilaminler)
b) S-Glikozitleri (Tiyoglikozitler)
c) C-Glikozitleri
d) O-Glikozitleri

Ancak pek çok bilimsel kaynakta glikozitlerin sınıflandırılması, sahip oldukları aglikonlarının yapılarına göre yapılmaktadır.

Colutea cinsi için yapılan literatür çalışmaları sonucunda, *C. arborescens* ve *C. atlantica* türlerinde kaempferol, quercetin ve myricetin glikozitlerinin varlığı tespit edilmiştir (Aguinagalde ve ark., 1990).

3. Materyal ve Yöntem

3.1. Materyal

- Yabani sinameki

3.1.1. Kullanılan Araç ve Malzemeler

- Bitki değirmeni
- Desikatör (Bitki özütleme işleminde)
- Değişik cam malzemeler
- Etüv
- Vortex (homojen karışım oluşturmada)

3.1.2. Kullanılan Kimyasallar ve Reaktifler

3.1.2.1. İzolasyon İşleminde Kullanılan Kimyasallar ve Reaktifler

Serik Sülfat Belirteci: 12 g amonyum seryum sülfat $(NH_4)_4Ce(SO_4)_4.2H_2O$ (Sigma-Aldrich) 50 mL derişik sülfürik asit (H_2SO_4) içinde çözülerek son hacim 500 mL olacak şekilde saf su ile tamamlandı.

Kolon Dolgu Maddesi:
Silikajel 60 (0.063-0.200 mm, Merck)

Metanol (Merk), hekzan, aseton, diklormetan, etanol, etil asetat, kloroform gibi teknik çözücüler destile edildi.

3.1.2.2. Antioksidan Aktivite Testleri için Kullanılan Kimyasallar

- 1,1 Difenil-2-pikril-hidrazil (DPPH)
- NaH_2PO_4/Na_2HPO_4 (sodyum dihidrojen fosfat/disodyum hidrojen fosfat)
- $[K_3Fe(CN)_6]$ (potasyum ferrisiyanür)
- Trikloro asetik asit (TCA)
- $FeCl_3$ (Demir (III) klorür)
- $FeCl_2$(Demir (II) klorür)
- Ferrozin
- Linoleik asit
- Hidroklorik asit (HCl)
- NH_4SCN (Amonyum tiyosiyanat)
- Etanol
- BHT
- BHA
- Troloks
- α-tokoferol
- Ferrozin
- Folin ciocalteu
- Na_2CO_3 (Sodyum karbonat)
- Gallik asit
- ABTS (2,2'-azinobis-(3-etilbenzotiyazolin)-6-sulfonik asit)
- Potasyum persülfat

3.1.2.3. Sekonder Metabolit Tanıma Testleri için Kullanılan Kimyasallar

- HCl
- Bizmut nitrat
- CH_3COOH (asetik asit)
- KI (potasyum iyodür)
- Na_2CO_3(sodyum karbonat)
- KOH (potasyum hidroksit)
- H_2O_2(hidrojen peroksit)

- Kloroform
- Toluen
- Eter
- Mg talaşı
- NaCl (sodyum klorür)
- Jelatin
- 3,5-Dinitrobenzoik asit

3.1.3. Cihazlar

- ^{1}H-NMR (Bruker Avance III 400 MHz Spektrometre)
- ^{13}C-NMR (Bruker 100 MHz Spektrometre)
- IR (Perkin Elmer Spektrum 100 FT/IR Spektrometre)
- Erime noktası (Barnstead Elektrotermal Erime Noktası Tayin Cihazı)
- Döner buharlaştırıcı (IKA)
- Etüv
- Vortex
- UV lambası (Camag)
- GC-MS (Agent Technologies 5975C Inert MSD 7890A GC system)
- HPLC-TOF (Agent Technologies 6210 Time-of-Flight LC-MS)
- UV-VIS Spektrofotometresi (JASCO V 530)
- Manyetik karıştırıcı (IKA)
- Vakum pompası

Şekil 3.1. NMR cihazı

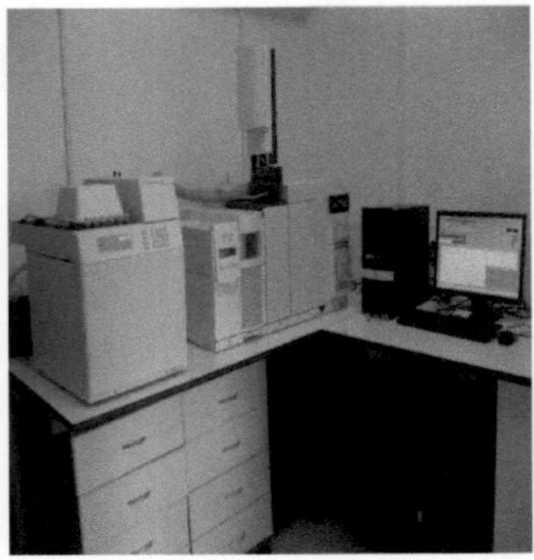

Şekil 3.2. GC-MS cihazı

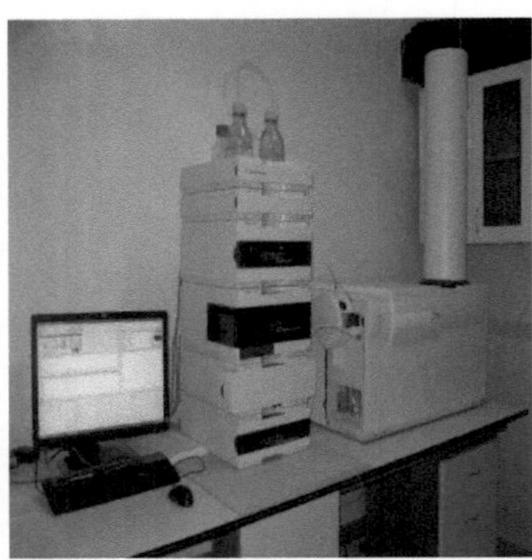

Şekil 3.3. HPLC-TOFcihazı

Şekil 3.4. IR cihazı

3.2. Yöntem

Bitki örneklerinin ekstrakte edilmesi, test numunelerinin hazırlanması, fraksiyonlandırma, ayırma ve saflaştırma işlemleri Gaziosmanpaşa Üniversitesi Doğal Boyalar Araştırma ve Uygulama Merkezi ile Gaziosmanpaşa Üniversitesi Kimya Bölümü Bitki Araştırma Labaratuvarı'nda gerçekleştirildi. Antioksidan aktivite testleri ise Gaziosmanpaşa Üniversitesi Kimya Bölümü Biyokimya Araştırma Laboratuvarı'nda, GC-MS, HPLC-TOF ve IR analizleri Çankırı Karatekin Üniversitesi Fen Fakültesi Kimya Araştırma Laboratuvarı'nda yapıldı.

3.2.1. Bitkilerin Toplanması, Kurutulması ve Koordinatları

Fabaceae familyasına ait *Colutea cilicica* Temmuz ayında Tokat merkez Taşlıçiftlik Kampüsü (40 20 156 Kuzey, 36 27 676 Doğu, 570 m) civarından toplandı. Bitkinin tanımlanması Gaziosmanpaşa Üniversitesi Biyoloji Bölümü Öğretim Üyesi Yrd. Doç. Dr. Bedrettin SELVİ tarafından yapıldı (GOPU 2562). Bitki gölgede kurutulduktan sonra bitkisel materyal ufak parçalar haline getirildi, yaprak ve çiçek kısımları bitki değirmeninde öğütüldü.

Colutea cilicica bitkisi gövde, yaprak, tohum ve çiçek olmak üzere organlarına (A1, A2, A3, A4) ayrıldı (Şekil 3.5). Tüm bitkinin antioksidan aktiviteye sahip olup olmadığını belirlemek amacı ile bitkinin tüm organlarından eşit miktarda alınarak herba (A5) hazırlandı. Bitki organları ve kodları Çizelge 3.1.'de verilmiştir.

Çizelge 3.1. *C. cilicica* türünün çalışmada kullanılan kısımları ve kodları

Bitki kısmı	Bitki Kodu
gövde	A1
yaprak	A2
tohum	A3
çiçek	A4
herba	A5

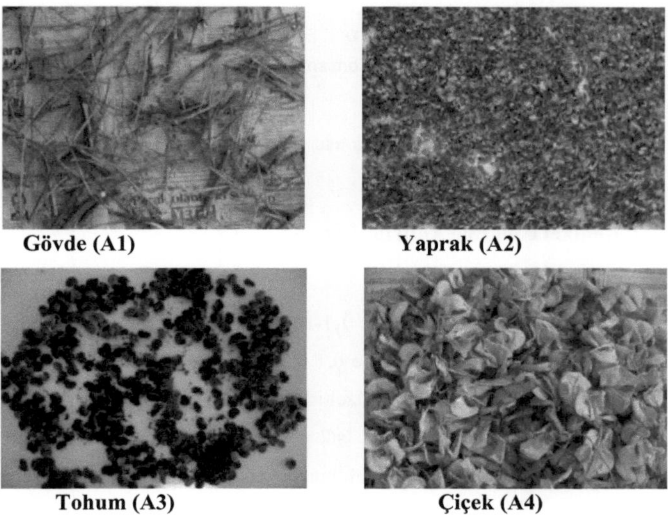

Şekil 3.5. *C. cilicica* bitkisinin gövde, yaprak, tohum ve çiçek kısımları

3.2.2. Total Fenolik Bileşik Tayini

100 µL numune (0.1 mL) üzerine 4.5 mL deiyonize su ilave edildi. Daha sonra 100 µL folin ciocalteu reaktifi eklenerek 3 dk beklendi. Son olarak 300 µL %2 lik Na_2CO_3 ilave edildi ve karışım 2 saat bekletildi. 760 nm de absorbanslar okundu. Kör: 4.5 mL su + 100 µL folin ciocalteu + 300 µL % 2 lik Na_2CO_3. Standart (gallik asit): 50 mg/L; 100 mg/L; 250 mg/L; 500 mg/L çözeltileri hazırlandı. Fenolik bileşik tayininde gallik asitle hazırlanan standartlar tıpkı ekstreler gibi inkübe edildi (100 µL alınarak ekstreler gibi çalışıldı) (Slinkard ve Singleton, 1977). Gallik asit için kalibrasyon eğrisi (Şekil 3.6) çizilerek doğru denklemi yardımı ile hesaplamalar yapıldı.

$y=0.001x + 0.030$ ($r^2=0.994$)

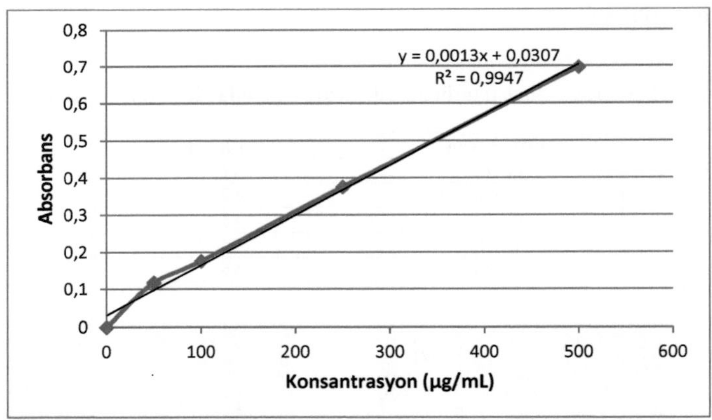

Şekil 3.6. Standart gallik asit çözeltilerinin kalibrasyon eğrisi

3.2.3. Serbest Radikal Giderme Aktivitesi Testi

Bitki kısımlarının serbest radikal (DPPH•: 1,1-Difenil 2-pikril hidrazil) giderme aktiviteleri Blois (1958) metoduna göre yapıldı. Her bir tüpe 0,1 mM DPPH (1,1-Difenil 2-pikril hidrazil) in etanol çözeltisinden 1 mL alınarak üzerine stok çözeltiden 40, 80, 160, 320 µL ilave edildi. Toplam hacim 4 mL olacak şekilde etil alkol ilave edildi. Işık görmeyen yerde 30 dakika inkübe edildikten sonra 517 nm de absorbans okundu. Kör, etil alkol; kontrol çözelti ise numunesiz çözeltidir (Blois, 1958).

3.2.4. Total İndirgenme Gücü

Her bir ekstreden 40, 80, 160, 320 μL alındı ve toplam hacim 2,5 mL olacak şekilde tamponla (NaH_2PO_4/Na_2HPO_4) tamamlandı. Daha sonra 2,5 mL $K_3Fe(CN)_6$ eklenerek ve 50°C de 20 dk bekletildi. Sonrasında çıkarılarak oda sıcaklığına getirildi. 2,5 mL TCA eklendi ve vortexlendi. Son olarak 0,5 mL $FeCl_3$ eklendi ve 700 nm de ölçüm yapıldı. Kontrol ekstre dışında kalan kısımdır. α-tokoferol, BHT, BHA standartlarına da aynı işlemler yapıldı (Elmastas ve ark., 2006).

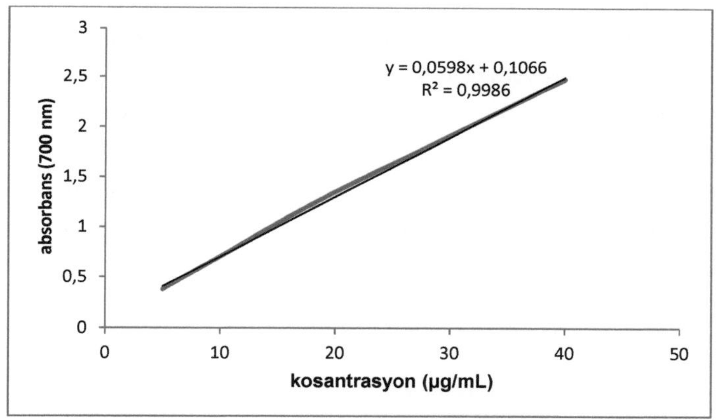

Şekil 3.7. Standart troloks çözeltilerinin kalibrasyon eğrisi

Bu aktivitelerin her biri α-tokoferol (vitamin E), bütillenmiş hidroksi toluen (BHT), bütillenmiş hidroksi anisol (BHA) gibi antioksidan maddelerin antioksidan aktiviteleri ile karşılaştırıldı. Troloks eşdeğeri total indirgeme kapasiteleri Şekil 3.7.'den yararlanılarak hesaplandı.

3.2.5. Metal Şelatlama Aktivitesi

Demir iyonlarını şelatlama kapasitesi Dinis metoduna göre yapıldı (Dinis ve ark., 1994). Her bir ekstreden 50, 100, 150 μL alındı, 0,05 mL $FeCl_2$ ve 0,2 mL ferrozin ilave edilerek toplam hacim 4 mL olacak şekilde etil alkolle tamamlandı. Oda sıcaklığında 30 dk beklendikten sonra 562 nm'de absorbanslar okundu. Ferrozin-Fe^{2+} kompleks oluşumunun yüzdesi aşağıdaki formülle hesaplandı:

Şelat yüzdesi = $[(A_0-A_1)/A_0]x100$

A_0: Kontrolün absorbansı

A_1: Numune veya standartın absorbansı

3.2.6. Total Antioksidan Aktivite Testi

Bitki ekstraktının antioksidan aktivitesini belirlemek için tiyosiyanat metodu kullanıldı. Bu test için 1 mg/mL konsantrasyonda olacak şekilde hazırlanan stok çözeltiden, 0.5 mL alınarak vezin kaplarına ilave edildi, üzerine 2.5 mL linoleik asit ve 2 mL tampon çözelti (pH 7.0, 0.04 M fosfat tamponu) eklendi. Bu işlemler standartlar (BHA, BHT ve α-tokoferol) için de yapıldı. Karışımlar 37°C de 5-6 saat süreyle inkübasyona bırakıldı. Daha sonra bu numunelerden 50 µL alınıp, üzerine 2.35 mL alkol eklendi, 50 µL $FeCl_2$ (ışık almayacak) ve 5.0 mL amonyum tiyosiyanat eklendi ve 500 nm de absorbans okundu. Kontrol çözelti olarak 2.5 mL linoleik asit üzerine 2.5 mL tampon çözelti ilave edildi. Kör ise numune dışındaki çözeltidir (etanol, $FeCl_2$, amonyum tiyosiyanat). Lipid peroksidasyon yüzdesi şu formülle bulundu (Mitsuda ve ark., 1996). Yüzde inhibisyonlar aşağıdaki formülle hesaplandı.

$$\% \text{ inhibisyon} = (A_0 - A_1) / A_0 \times 100$$

A_0; kontrol reaksiyonun absorbansı,

A_1; numunelerin absorbansı.

3.2.7. $ABTS^{\cdot+}$ Giderme Aktivitesi Tayini

$ABTS^{\cdot+}$ giderme aktiviteleri tayini Re ve ark. (1999) yaptığı çalışmaya göre belirlendi. Bu amaçla, 2mM'lık ABTS çözeltisi hazırlandı. Bu çözeltiye 2.45 mM'lık potasyum persülfat çözeltisi eklenerek $ABTS^{\cdot+}$ elde edildi. $ABTS^{\cdot+}$ çözeltisi kullanılmadan önce kontrol çözeltisinin 734 nm'de absorbansı 0.1 M ve pH=7.4 olan fosfat tamponu ile 0.700±0.025 nm'ye ayarlandı. Farklı konsantrasyonlarda hazırlanan bitki ekstrelerinin ve saf bileşiklerin stok çözeltisine 1 mL $ABTS^{\cdot+}$ çözeltisi ilave edildikten sonra 30 dakika inkübe edildi. Tampondan oluşan köre karşı 737 nm'de absorbansları kaydedildi.

3.2.8. Sekonder Metabolit Tanıma Testleri

Kalitatif olan sekonder metabolit tanıma testleri bitkinin gövde ve yaprak kısmına uygulandı.

3.2.8.1. Alkaloid Testi

Tamamıyla öğütülmüş 2 g bitki numunesi deney tüpüne konuldu, üzerine 25 mL, %1'lik HCl çözeltisi ilave edilerek su banyosunda 15 dakika bekletildi. Elde edilen süspansiyon başka bir deney tüpüne süzüldü, süzülen kısım A ve B olmak üzere iki kısma ayrıldı.

A tüpüne 5 damla Dragendorff reaktifi (0,17 g Bizmut nitrat, 12 mL asetik asit, 28 mL su, 4 g KI ilave edilir, su ile 100 mL'ye seyreltilir) ilave edildi. Çökelek oluşumu alkaloid varlığını gösterir.

Alkaloid varlığını teyit etmek için B tüpündeki süzüntünün bir damlası indikatör kağıdı ile mavi görünene kadar (pH 8-9) doymuş Na_2CO_3 çözeltisi ile muamele edildi. Daha sonra 4 mL kloroform ilave edilerek karıştırıldı. Fazlar ayrıldıktan sonra üst (sulu) faz pipetle alınarak az bir miktarı sarı-kahverengi renk verene kadar (pH 5) asetik asitle muamele edildi. Üzerine 5 damla Dragendorff reaktifi ilave edildi. Çökelek oluşumu kuaterner alkaloid varlığını gösterir.

Alt faza 2 mL HCl ilave edildi. Oluşan üst faz pipetle alındı, 3 damla Dragendorff reaktifi ilave edildi, çökelek oluşumu tersiyer alkaloid varlığını kanıtlar.

3.2.8.2. Antranoid Testi

Toz haline getirilmiş 0,2 g bitki numunesi 0,5 N KOH ve 0,5 mL %5'lik H_2O_2 ile 2 dakika kaynatıldı. Soğuduktan sonra karışım süzüldü. Süzülen kısım 6 damla asetik asit ile muamele edildi, son durumda çözelti 5 mL toluen ile karıştırıldı. Üst faz (toluen fazı) pipetle alınarak deney tüpüne konuldu. 2 mL 0,5 N KOH ilave edildi. Sulu fazda kırmızı renk görünmesi antranoid varlığını gösterir.

3.2.8.3. Antrakinon Testi

Antrakinonlar antranoidlerin alt grubudur. Eter-kloroform (5 mL $CHCl_3$ ve 5 mL eter) karışımıyla muamele edilen bitki numunesi süzüldü. Süzülen kısmın 1 mL'sine 1 mL %10'luk NaOH çözeltisi ilave edildi. Kırmızı renk oluşumu kinon varlığının belirtisidir.

3.2.8.4. Kumarin Testi

Az miktarda nemli numune deney tüpüne konuldu, deney tüpü %10'luk NaOH çözeltisi ile ıslatılmış süzgeç kağıdı ile kaplandı. Süzgeç kağıdı, birkaç dakika UV ışığına maruz bırakıldı. Sarı-yeşil floresans görünmesi kumarinin varlığını gösterir.

3.2.8.5. Lökoantosiyanin Testi

20 mL suya 1 g toz haline getirilmiş numune ilave edildi. Bu karışımın 0,5 mL'si 2 mL, 2 N HCl ile karıştırıldı ve 100°C'deki su banyosunda ısıtıldı. Yavaş bir şekilde kırmızının menekşe rengine dönmesi pozitif reaksiyon verdiği anlamına gelir.

3.2.8.6. Flavonoid Testi

1 g öğütülmüş bitki numunesi, 10 mL su ve 5 mL metanol ile ekstrakte edildi ve süzüldü. Süzüntünün 3 mL'sine birkaç parça magnezyum talaşı ilave edildi ve damla damla derişik HCl eklendi (siyanidin reaksiyonu). Rengin değişmesi flavonoid varlığını gösterir; turuncu renk flavonları, kırmızı renk flavonolleri ve pembe renk flavononları gösterir.

3.2.8.7. Tannin Testi

Öğütülmüş 2 g bitki numunesi, 15 mL su bulunan deney tüpüne konuldu ve su banyosunda 5 dakika ısıtıldı. Soğuduktan sonra karışım süzüldü ve 5 mL %2'lik NaCl çözeltisi ilave edildi. Daha sonra 5 mL %1'lik jelatin ilave edildi. Çökelek oluşumu tannin varlığını gösterir.

3.2.8.8. Polifenol Testi

Su (15 mL) veya etanol (10 mL) olmak üzere iki çözücü kullanılabilir. Etanol kullanılması durumunda bitkinin yeşil kısımları kullanılmamalıdır.

Çözücüde bulunan bitki numunesi (1 g), su banyosunda 15 dakika ısıtıldı ve çözelti süzüldü. Süzülen kısmın 2 ml'sine 3 damla yeni hazırlanmış ferrik siyanid çözeltisi (1 ml %1'lik $FeCl_3$ ve 1 ml $K_3Fe(CN)_6$ ilave edildi. Mavi yeşil renk oluşumu polifenollerin varlığını gösterir.

3.2.8.9. Saponin Testi

1 g öğütülmüş bitki numunesi, 15 mL su bulunan deney tüpüne konuldu ve su banyosunda 5 dakika ısıtıldı. Çözelti süzülerek oda sıcaklığında soğumaya bırakıldı. 10 mL süzüntü, deney tüpüne konularak 10 saniye çalkalandı. Oluşan köpüğün boyu ölçüldü. Köpüğün boyu 1 cm'den fazla ise saponinlerin varlığını gösterir.

3.2.8.10. Kardenolid Testi

Deney tüpüne öğütülmüş 2 g bitki numunesi konularak üzerine 20 mL saf su ilave edildi ve 2 saat oda sıcaklığında muhafaza edildi. Süzüntüye 4 damla yeni hazırlanmış Keddle reaktifi (8 mL 3,5-dinitrobenzoik asit ve metanolde çözülmüş 1,2 mL 1 N KOH) ilave edildi. Mavi menekşe renk kardenoid olduğunu gösterir.

3.2.9. Ekstraksiyon

Bitkilerin öğütülmüş/ufak parçalar haline getirilmiş kısımlarından 10'ar g alınarak 250 mL metanolde 3 gün ekstrakte edildi. Süzülen karışımın çözücüsü döner buharlaştırıcıda uzaklaştırıldıktan sonra her bir ekstreden 1 mg/mL (numune/etanol) olacak şekilde stok çözeltiler hazırlanarak antioksidan aktivite testlerinde kullanmak üzere +4°C'de saklandı.

Kurutulmuş ve küçük parçalara ayrılmış gövde (1180 g) ve yapraklar (743 g) desikatörde $CH_3OH/CHCl_3$ (1:1) çözücü karışımı ile ayrı ayrı ekstrakte edildi (Şekil 3.8) (3x6L). Karışım süzüldükten sonra döner buharlaştırıcıda çözücü uzaklaştırıldı.

Şekil 3.8. Gövde ve yapraklar için ekstraksiyon işlemi

3.2.10. Kolon Kromatografisi

Ekstredeki bileşenlerin ayrılması amacıyla kolon kromatografisi uygulandı. Ekstre uygun çözücüde çözüldükten sonra bir miktar silikajel ilave edildi. Çözücü döner buharlaştırıcı yardımıyla uzaklaşırıldıktan sonra ekstrenin silikajel tarafından emilmesi sağlandı. Kolon kromatografisi ekstrelerin fraksiyonlandırılarak ayrılması ve saflaştırması aşamalarında kullanıldı. Adsorban olarak Merck silikajel (70-230 mesh) dolgu maddesi kullanıldı. Silikajel adsorban hekzan ile şişirildikten sonra dibine az miktarda pamuk yerleştirilmiş cam kolona tatbik edildi. Ekstreler, miktarına uygun adsorbanla karıştırıldı ve çözücüsü tamamen uçurulduktan sonra kolonun üst kısmına yerleştirildi. Kolon kromatografisinde ayrımı yapılacak karışımlar önce ince tabaka kromatografisi ile incelendi.

3.2.11. İnce Tabaka Kromatografisi

Ekstredeki bileşenlerin ayrılması için uygulanan kolon kromatografisinin sonucunda elde edilen benzer fraksiyonların belirlenmesi amacıyla ince tabaka kromatografisi uygulandı. Maddelere ait spotlar UV (254 ve 366 nm) ışık altında incelendi. Spot renklerinin belirgin olarak görülmesi için silikajel plakalarının üzerine seriksülfat belirteci püskürtülüp ısıtıcıda 110°C'de oluşan spot renkleri incelendi. Benzer olan fraksiyonlar birleştirildi. Kolon kromatografisinden alınan fraksiyonların her birine bu işlemler uygulanarak benzer fraksiyonlar birleştirildi. Birleştirme sonrasında silikajel kaplı hazır alüminyum plakalara (TLC silicagel 60 GF_{254} Merck) birleştirilen fraksiyonlar tatbik edilerek uygun çözücü sistemleri ile yürütüldü ve oluşan spot lekeleri yukarıda anlatıldığı şekilde incelendi.

3.2.12. Gaz Kromatografisi (GC) Analizi

Elde edilen yağ miktarları, Perkin Elmer Clarus 500 Gaz Kromatografi cihazında (GC), BPX-5 kapiler kolon (30 m x 0.25 mm, 0.25 µm film kalınlığı, 5% phenyl polysilphenylene-siloxane) ve 70 eV iyonlaştırma voltajı ile FID dedektörü kullanılarak belirlendi.

Fırın sıcaklığı 50'den 120°C'ye 5°C/dak, 120°C'den 240°C'ye 10°C/dak ve son sıcaklıkta 5 dakika bekletildi. 1.0 µL seyreltilmiş örnek 300:1 split ile enjekte edildi. Enjektör ve dedektör sıcaklığı sırasıyla 220 ve 290°C olarak ayarlandı. Taşıyıcı gaz olarak helyum (akış oranı 1 mL/dak) ve 1/1000 oranında seyreltilmiş örnek kullanıldı.

3.2.13. Gaz Kromatografisi/Kütle Spektrometresi (GC/MS) Analizi

GC/MS analizi Perkin Emler kütle spektrometresinde BPX-20 kolon (30 m x 0.25 mm x 0.25µm film) kullanılarak Autosampler aracılığıyla yapıldı. GC/MS analizi için 70 eV iyonlaştırma enerjisi, taşıyıcı gaz olarak helyum kullanıldı (akış oranı 1.3 mL/dak). Kolon sıcaklığı yukarıda verilen şartlar ile aynı olarak ayarlandı.

3.2.14. Gövde, yaprak, tohum ve çiçekteki sabit yağ asitlerinin belirlenmesi

Bileşiklerin yağ kompozisyonunun tanımlanması literatürdeki datalar ve ticari kütüphaneler (WILLEY ve NISTdatabase/ChemStation veri sistemi) kullanarak alıkonma indekslerinin (RI) karşılaştırılması ile belirlendi.
Yabani sinameki (*C. cilicica*) bitkisinin yaprak, gövde, çiçek ve tohumundan 10'ar gram alınarak 200 mL hekzan içerisinde 3 gün boyunca ekstrakte edildi. Daha sonra süzülen karışımın çözücüsü döner buharlaştırıcıda uzaklaştırıldıktan sonra kalan kısımdan (sabit yağ) 40 mg alındı. 0,5 mL hekzan, 0,5

mL 1M KOH/metanol ilave edildi ve şiddetli bir şekilde çalkalandı. Fazlar oluştuktan sonra üst fazdan alınarak viale konuldu. Hekzan ekstraktlarının sabit yağ içeriği GC-MS (FID) ile belirlendi.

3.2.15. Verilerin Değerlendirilmesi

İstatistiksel analizler SPSS 16.0 paket programı kullanılarak hesaplanmıştır. Sonuçlar 3 tekrarlı ölçümlerin ortalaması ± standart sapma olarak gösterilmiştir. Önemli olan faktörlerin seviyeleri arasındaki fark Duncan testine göre karşılaştırılmıştır. Farklılıkların $p<0.01$ seviyesinde önemli olduğu sayılmıştır.

4. Bulgular ve Tartışma

4.1. Total Fenolik Bileşik Tayini Sonuçları

Tüm bitki ekstraktlarındaki çözünebilen fenolik madde miktarları Folin Ciocalteu Reaktifi (FCR) ile belirlendi. Farklı konsantrasyonlarda hazırlanan gallik asit çözeltilerinin kalibrasyon grafiğinden, örneklerin toplam fenolik madde miktarları (mg GAE/g ekstre) olarak hesaplandı.

Çizelge 4.1. Total fenolik bileşik tayini için istatistiksel analiz sonuçları ($p<0.01$)

Gruplar	Tekrar (N)	x ± (SS)
A1 (gövde)	3	0.0707 ± 0.0016^{a}
A2 (yaprak)	3	0.0683 ± 0.0004^{ab}
A3 (tohum)	3	0.0620 ± 0.0026^{c}
A4 (çiçek)	3	0.0631 ± 0.0021^{c}
A5 (herba)	3	0.0655 ± 0.0009^{bc}

Total fenolik bileşik tayini için yapılan istatistiksel analiz sonuçlarına göre gruplar arası farklılık anlamlı bulunmuştur ($p<0.01$) (Çizelge 4.1).

Çizelge 4.2. *C. cilicica* organlarının gallik asit eşdeğeri fenolik bileşik miktarları

Numune	Gallik asit eşdeğeri fenolik bileşik miktarı (mg fenolik bileşik/g ekstre)
A1	40,67
A2	38,33
A3	32,03
A4	33,10
A5	35,53

Gallik asit eşdeğeri olarak hesaplanan fenolik bileşik miktarları A1>A2>A5>A4>A3 sırasında azalmaktadır (Çizelge 4.2)

4.2. Serbest Radikal Giderme Aktivitesi Sonuçları

C.cilicica bitkisinin çeşitli organlarının serbest radikal giderme aktiviteleri (DPPH) incelenmiştir.

Çizelge 4.3. DPPH testi için istatiksel analiz sonuçları (p<0.01)

Gruplar	Tekrar (N)	10 µg/mL x ± (SS)	20 µg/mL x ± (SS)	40 µg/mL x ± (SS)	80 µg/mL x ± (SS)
A1 (gövde)	3	41.43±1.68^{c}	43.69±0.68^{c}	49.33±2.24^{c}	78.03±4.96^{b}
A2 (yaprak)	3	12.44±3.08^{d}	16.30±0.71^{ed}	20.93±1.18^{d}	31.55±1.62^{c}
A3 (tohum)	3	16.17±4.11^{d}	18.15±3.92^{d}	17.27±1.59^{d}	22.06±0.18^{d}
A4 (çiçek)	3	13.37±0.93^{d}	13.67±0.67^{e}	17.65±0.97^{d}	22.43±1.97^{d}
A5 (herba)	3	12.89±1.29^{d}	16.82±2.93^{ed}	19.62±4.08^{d}	25.62±1.31^{d}
BHT	3	41.80±6.21^{c}	61.27±1.72^{b}	77.09±0.74^{b}	87.51±0.62^{a}
BHA	3	83.20±3.36^{a}	88.88±1.05^{a}	89.83±0.65^{a}	90.12±0.82^{a}
α-tok	3	60.25±11.90^{b}	88.65±0.10^{a}	88.66±1.92^{a}	89.85±0.53^{a}

Varyans analizi sonuçlarına (Çizelge 4.3) göre 20, 40 ve 80 µg/mL konsantrasyonlarındaki test sonuçları bakımından gruplar arası farklılık önemli bulunmuştur (p<0.01). Yapılan çoklu karşılaştırma testinde (Duncan) tüm numunelerin antioksidan test sonuçları bakımından kontrol grupları, ham ekstre gruplarından üstün bulunmuştur.

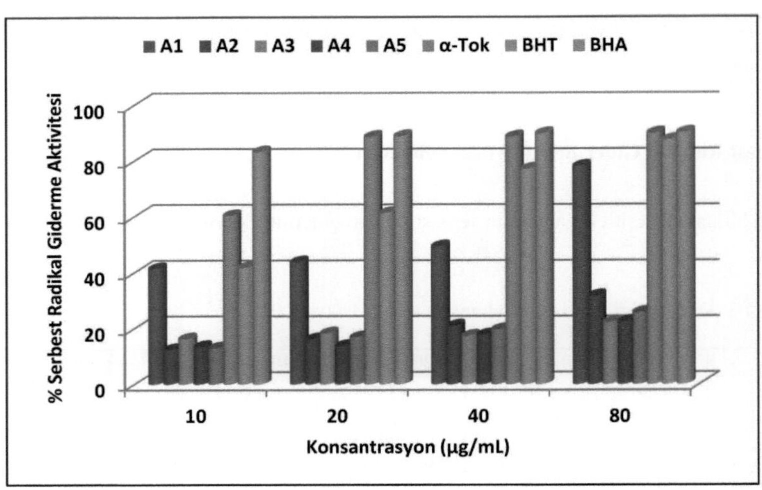

Şekil 4.1. *C.cilicica* organlarının % serbest radikal giderme aktiviteleri

Numunelerin % Serbest radikal giderme aktiviteleri incelendiğinde 80 µg/mL derişimde en fazla aktivite gösteren kısmın gövde kısmı olduğu görülmektedir. Serbest radikal giderme aktiviteleri 80 µg/mL için BHA>α-tok>BHT>A1>A2>A5>A4>A3 sırasında azalmaktadır (Şekil 4.1). Standart maddeler ile kıyaslandığında A1 numunesinin yüksek konsantrasyonda diğer numunelerden çok daha fazla radikal giderme kapasitesine sahip olduğu görülmektedir. Serbest radikal giderme aktivitesinde, gövde (A1) kısmında gözlenen bu belirgin fark, gövdenin fenolik bileşik içeriğinin diğer kısımlardan fazla olduğunu göstermektedir. Çünkü doğal antioksidanların genellikle fenolik ve polifenolik bileşikler olduğu yapılan çalışmalar (Velioglu ve ark., 1998; Kim ve ark., 1997) sonucunda belirlenmiştir. Serbest radikal giderme aktivitesi için elde edilen sonuçlar hesaplanan gallik asit eşdeğeri fenolik bileşik miktarları (Çizelge 4.2) ile de paralellik göstermektedir.

4.3. Total İndirgeme Kapasitesi Tayini Sonuçları

Antioksidan çalışmalarda yaygın olarak kullanılan bu metotta, test çözeltisinin sarı rengi ortamda bulunan antioksidan maddelerin indirgeme aktivitelerinden dolayı farklı tonlardaki yeşil renge dönüşmektedir (Gülçin, 2006a; Gülçin ve ark., 2006b). Numunelerin indirgeme potansiyeli, farklı konsantrasyonlardaki çözeltilerinin (5-40 µg/mL) 700 nm'deki absorbansları ölçülerek belirlenmiştir (Şekil 4.2).

Çizelge 4.4. Total indirgeme testi için istatistiksel analiz sonuçları ($p<0.01$)

		5 µg/mL	10 µg/mL	20 µg/mL	40 µg/mL
Gruplar	**Tekrar (N)**	**x ± (SS)**	**x ± (SS)**	**x ± (SS)**	**x ± (SS)**
A1 (gövde)	3	0.113±0.081^{d}	0.139±0.064^{d}	0.189±0.086^{d}	0.298±0.082^{d}
A2 (yaprak)	3	0.105±0.076^{d}	0.124±0.032^{d}	0.173±0.022^{d}	0.264±0.101^{d}
A3 (tohum)	3	0.063±0.082^{d}	0.069±0.032^{d}	0.085±0.053^{d}	0.106±0.049^{d}
A4 (çiçek)	3	0.105±0.141^{d}	0.131±0.157^{d}	0.158±0.045^{d}	0.236±0.008^{d}
A5 (herba)	3	0.100±0.0510	0.119±0.056^{d}	0.151±0.027^{d}	0.223±0.022^{d}
BHT	3	0.605±0.604^{b}	1.076±0.157^{b}	1.404±0.136^{b}	1.796±0.589^{b}
BHA	3	0.699±0.557^{a}	1.166±0.103^{a}	1.783±0.280^{a}	2.606±0.295^{a}
α-tok	3	0.213±0.151^{c}	0.417±0.447^{c}	0.520±0.776^{c}	1.022±0.301^{c}

Total indirgeme testi 5, 10, 20 ve 40 µg/mL konsantrasyonlar için gerçekleştirilmiştir. Sonuçlar incelendiğinde kullanılan bitki kısımlarından elde edilen sonuçlar aynı grupta yer alırken, standartlardan elde edilen sonuçlar istatistiki olarak anlamlı düzeyde ($p<0.01$) farklı olmuştur (Çizelge 4.4).

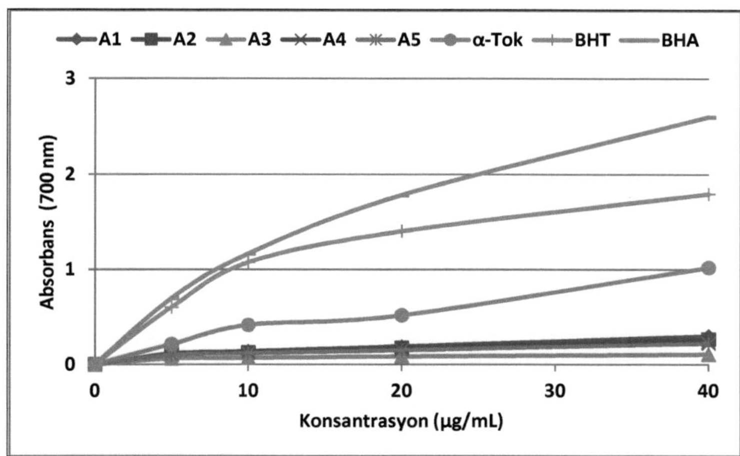

Şekil 4.2. *C. cilicica* organlarının total indirgeme gücü

Total indirgeme testi için çizilen absorbans-konsantrasyon grafiğinden (Şekil 4.2) tüm numunelerin standartlardan daha düşük total indirgeme kapasitesine sahip olduğu görülmektedir. Numuneler arasında belirgin bir fark gözlenmemiştir. Bazı çalışmalar (Tanaka ve ark., 1988; Yen ve Duh, 1993), indirgeyici maddelerin varlığında antioksidatif etkinin de attığını göstermektedir. Bu nedenle, bitkinin tüm kısımlarının düşük indirgeme kapasitesine sahip olmasının, bitkinin potansiyel antioksidan aktivite göstermemesi ile ilişkili olduğu düşünülmektedir.

Çizelge 4.5. *C.cilicica* organlarının µmol vitamin E eşdeğeri total indirgeme kapasiteleri

Numune	**(µmol troloks eşdeğeri/g ekstre)**
A1 (gövde)	320,6
A2 (yaprak)	267,9
A3 (tohum)	*
A4 (çiçek)	216,6
A5 (herba)	194,0
α-tok	1531,1
BHT	2825,1
BHA	4179,8

*Absorbansın çok düşük çıkması nedeniyle hesaplanamamıştır

Çizelge 4.5.'den numunelerin total indirgeme kapasiteleri incelendiğinde tüm numunelerin standart maddelerden daha düşük olduğu görülmektedir. Numuneler kendi içinde incelendiğinde total indirgeme gücü A1>A2>A4>A5>A3 sıralamasında azalmaktadır.

4.4. Demir (II) İyonlarını Şelatlama Aktivitesi Sonuçları

Metal iyonu şelatlama aktivitesi; bitki ekstraktlarının çözeltideki Fe^{2+} iyonlarını bağlayabilmek için ferrozin ile yarışmasına göre değerlendirildi. Numunelerin ve standart maddelerin metal şelatlama potansiyelini gösteren konsantrasyon-% inhibisyon grafiği oluşturuldu (Şekil 4.3).

Çizelge 4.6. Metal şelatlama testi için istatistiksel analiz sonuçları ($p<0.01$)

Gruplar	**Tekrar (N)**	**50 µg/mL** x ± (SS)	**100 µg/mL** x ± (SS)	**150 µg/mL** x ± (SS)
A1 (gövde)	3	15.70±1.05^{e}	16.82±1.41^{e}	15.75±2.29^{d}
A2 (yaprak)	3	8.49±2.34^{f}	18.57±0.74^{de}	20.61±1.70^{d}
A3 (tohum)	3	16.38±0.99^{de}	22.55±0.87^{cd}	16.52±4.29^{d}
A4 (çiçek)	3	18.43±1.30^{de}	23.40±2.34^{c}	28.50±0.72^{c}
A5 (herba)	3	20.47±0.68^{d}	21.69±3.10^{cd}	26.48±1.21^{c}
BHT	3	37.11±0.88^{b}	40.17±0.94^{b}	33.78±2.99^{b}
BHA	3	43.45±2.34^{a}	49.25±1.03^{a}	38.70±0.56^{b}
α-tok	3	26.36±3.03^{c}	24.41±0.62^{c}	47.96±0.31^{a}

Standartlar da dahil tüm numunlerin metal şelatlama aktiviteleri 50, 100 ve 150 μg/mL konsantrasyonlarda %50'nin altında bulunmuştur. Çalışılan bitki kısımları kendi içinde değerlendirildiğinde çiçek ve herba kısımlarının daha yüksek metal şelatlama kapasitesine sahip olduğu belirlenmiştir. İstatistiksel açıdan değerlendirildiğinde yapılan çoklu karşılaştırma testinde (Duncan) gruplar arası farklılık anlamlı bulunmuştur (Çizelge 4.6).

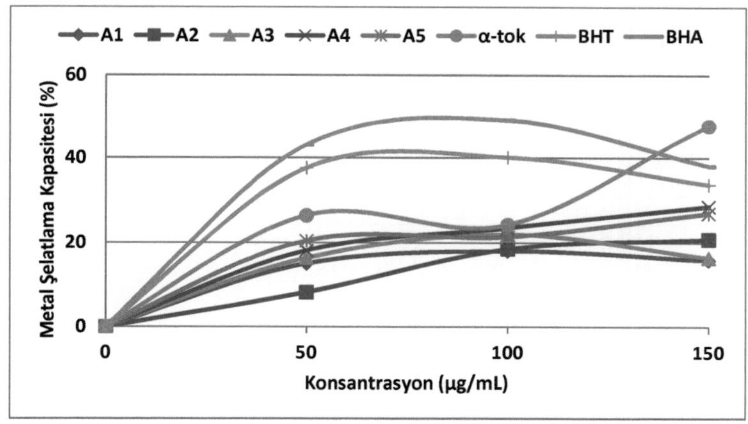

Şekil 4.3. *C. cilicica* organlarının % metal şelatlama kapasiteleri

Grafikten elde edilen sonuçlara göre numunelerin metal şelatlama kapasitelerinin yüksek olmadığı (%8-29), bunun yanı sıra kullanılan standartların da (%24-50) çok yüksek şelatlama aktivitesi göstermediği tespit edilmiştir. Standartların da düşük metal şelatlama kapasitesine sahip olduğu önceki çalışmalar (Gülçin ve ark., 2003; Oktay ve ark., 2003) ile belirlenmiştir. 150 μg/mL konsantrasyonda şelatlama kapasiteleri α-tok>BHA>BHT>A4>A5>A2>A3>A1 sıralamasında azalmaktadır (Şekil 4.3). Bitki kısımları kendi içinde kıyaslandığında, 50 μg/mL için bitkinin herba kısmı en yüksek aktiviteye sahipken 100 ve 150 μg/mL için çiçek kısımları daha yüksek şelatlama aktivitesi göstermiştir.

4.5. Total Antioksidan Aktivite Tayini Sonuçları

Bitki ekstraktlarının linoleik asit peroksidasyonu üzerindeki inhibisyon etkileri, ferrik tiyosiyanat (FTC) metodu ile ölçüldü, elde edilen sonuçlar BHA, BHT ve α-tokoferol ile kıyaslandı.

İnkübasyon sırasında emülsiyonda oluşan peroksitlerin miktarı, oksidasyonun ilerleyişi sırasında 6 saatte bir ölçüm alınarak 42 saat boyunca takip edildi. Ekstrakt ve standart maddelerin lipid peroksidasyonunu inhibe etme oranları tespit edildi (Şekil 4.4, Çizelge 4.7).

Çizelge 4.7. Total antioksidan aktivite için istatistiksel analiz sonuçları (p<0.01)

	% İnhibisyon						
	6.saat	**12.saat**	**18.saat**	**24.saat**	**30.saat**	**36.saat**	**42.saat**
A1	1,00±0,25^{d}	6,58±0,66^{c}	20,94±2,51^{c}	28,00±2,17^{c}	35,39±0,36^{b}	37,64±1,52^{b}	44,51±0,40^{c}
A2	7,08±0,94^{cd}	13,91±3,42^{b}	15,04±1,83^{c}	19,66±0,01^{d}	29,58±1,52^{b}	30,04±2,15^{c}	39,93±1,20^{cd}
A3	8,09±2,05^{c}	15,76±2,64^{b}	24,43±0,35^{c}	24,85±0,21^{c}	32,33±1,24^{b}	34,07±1,07^{bc}	35,06±1,10^{d}
A4	1,00±0,05^{d}	1,00±0,87^{c}	1,00±0,99^{d}	2,00±0,64^{e}	15,20±1,34^{c}	15,52±1,94^{e}	39,53±2,26^{cd}
A5	1,00±0,14^{d}	1,00±0,33^{c}	1,00±0,25^{d}	2,00±0,05^{e}	15,52±0,51^{c}	24,36±1,72^{d}	38,86±2,76^{cd}
BHT	39,55±4,02^{a}	63,43±2,11^{a}	87,42±2,88^{a}	85,57±2,39^{a}	91,18±5,09^{a}	89,93±1,71^{a}	92,65±2,27^{a}
BHA	42,87±4,64^{a}	61,55±2,64^{a}	88,56±2,05^{a}	85,01±1,51^{a}	91,34±2,04^{a}	90,80±1,14^{a}	92,06±0,80^{ab}
trolox	27,44±1,77^{b}	58,72±5,03^{a}	71,89±9,82^{b}	78,88±3,54^{b}	91,99±2,95^{a}	86,63±3,98^{a}	86,55±4,86^{b}

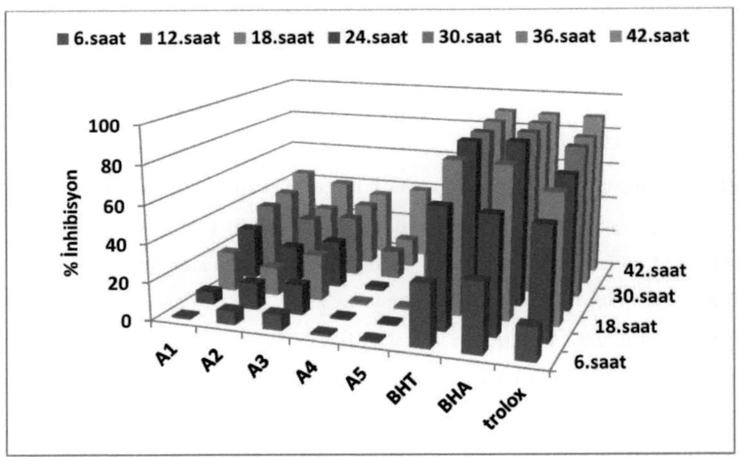

Şekil 4.4. *C. cilicica* organlarının total antioksidan aktiviteleri

Numunelerin zamana karşı inhibisyon grafiği incelendiğinde (Şekil 4.4), bitki organlarında ve standartlarda inkübasyon süresinin artışıyla % inhibisyon değerlerinin arttığı gözlenmiştir. Linoleik asit emülsiyonunda tiyosiyanat metodu ile belirlenen total antioksidan aktivitelerde, numunelerin inhibisyon değerlerinin düşük olması, lipid oksidasyonunun stabilizasyonunda fenolik bileşiklerin önemli rol oynadığını göstermektedir (Yen ve ark., 1993). Bu sonuç, fenolik içeriği en fazla olan A1 (gövde) kısmının total antioksidan kapasitesinin diğer bitki kısımlarına nazaran daha fazla olması ile paralellik göstermektedir.

4.6. ABTS$^{\cdot+}$ Giderme Aktivitesi Tayini Sonuçları

ABTS$^{\cdot+}$ giderme aktivitesi, DPPH serbest radikal giderme aktivitesi gibi sulu karışımların, içeceklerin, ekstrelerin veya saf maddelerin radikal giderme aktivitelerinde sıklıkla kullanılan bir metottur (Miller, 1996; Gülçin, 2007). 660, 734 ve 820 nm'de maksimum olan karakteristik uzun dalga boylu absorpsiyon spektrumu gösteren ABTS radikal katyonun absorbansının antioksidan tarafından inhibisyonuna dayanmaktadır (Prior ve Cao, 1999). Orjinal yöntemde hidrojen peroksit ile metmiyoglobinin aktivasyonu sonucu ferrilmiyoglobin oluşur. Bu bileşik daha sonra 2.2-azinobis(3-etilbenzothiazollin-6-sulfonik asit) (ABTS) (Şekil 4.5)'den ABTS$^{\cdot+}$ radikal katyonunun oluşmasına sebep olmaktadır. Bu yöntemde test edilecek numune, ABTS$^{\cdot+}$ radikalleri oluşumundan önce eklenir. Test bileşiği, ABTS$^{\cdot+}$ radikallerinin oluşumunu azaltır (Magalhães ve ark., 2008).

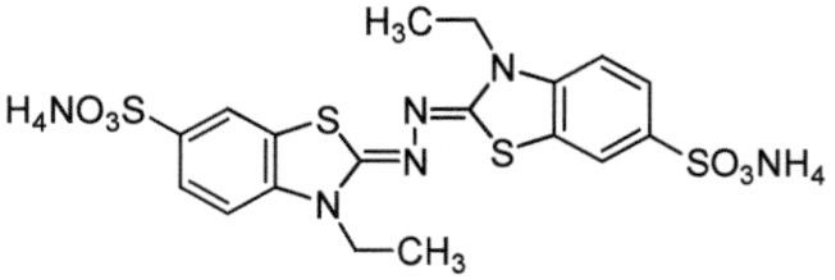

H_3C N H_4NO_3S S N= N S SO_3NH_4 N CH_3

Şekil 4.5. ABTS'nin açık kimyasal yapısı

Çizelge 4.8. ABTS$^{\cdot+}$ giderme aktivitesi için istatistiksel analiz sonuçları($p<0.01$)

Gruplar	Tekrar (N)	10 µg/mL x ± (SS)	20 µg/mL x ± (SS)
A1 (gövde)	3	33.25±0.25[d]	40.84±1.47[c]
A2 (yaprak)	3	33.91±1.85[d]	25.69±1.94[d]
A3 (tohum)	3	28.65±2.80[e]	18.11±9.66[d]
A4 (çiçek)	3	57.06±1.59[c]	89.68±1.09[a]
A5 (herba)	3	33.66±0.28[d]	42.28±2.82[c]
BHT	3	61.90±1.02[b]	71.14±1.25[b]
BHA	3	72.91±2.47[a]	96.39±1.25[a]

ABTS$^{\cdot+}$ radikal giderme test sonuçlarına göre, bitkinin çiçek kısmının %89.68 (20 µg/mL için) oranında radikal giderme aktivitesine sahip olduğu görülmektedir (Çizelge 4.8). Bu değer, BHT ve

BHA ile kıyaslandığında çiçek kısımlarının $ABTS^{\cdot +}$ radikallerini gidermede oldukça etkili olduğunu ortaya koymaktadır.

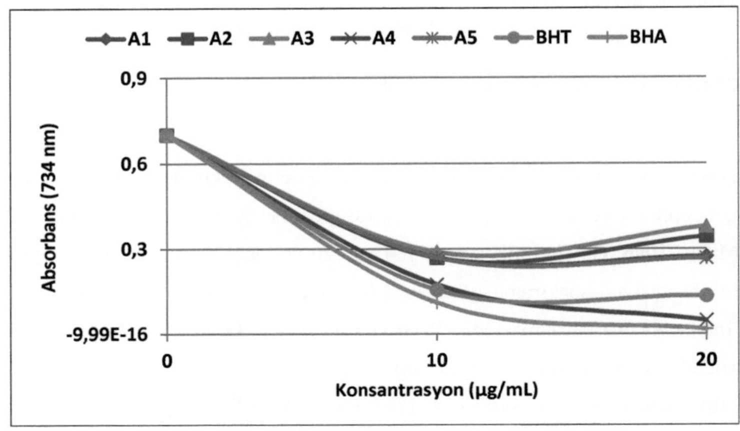

Şekil 4.6. *C. cilicica* organlarının $ABTS^{\cdot +}$giderme aktiviteleri

Numunelerin 10 ve 20 µg/mL konsantrasyonlar için ölçülen absorbans değerleri grafiğe geçirildiğinde (Şekil 4.6) düşük absorbans değerlerine sahip A4, BHT ve BHA'nın her iki konsantrasyonda da yüksek $ABTS^{\cdot +}$ giderme aktivitesine sahip olduğu ortaya çıkmaktadır. 20 µg/mL konsantrasyon için $ABTS^{\cdot +}$giderme aktiviteleri BHA>A4>BHT>A5>A1>A2>A3 sıralamasında azalmaktadır. Tohumda (A4) aktivitenin yüksek çıkması, bitkinin bu kısmında yer alan düşük molekül ağırlığına sahip bileşiklerden kaynaklandığı düşünülmektedir (Brieva ve ark., 2001).

4.7. Sekonder Metabolit Tanınma Testleri Sonuçları

Bitki organlarının yüksek antioksidan aktivite göstermemesi sebebiyle sekonder metabolit bakımından zengin organı belirlemek için kalitatif testler olan sekonder metabolit tanıma testleri uygulandı. Her bir bileşik grubuna ait yapılara örnek bileşikler çizilerek elde edilen sonuçlar Çizelge 4.9'da verilmiştir.

Çizelge 4.9. Sekonder metabolit tanıma test sonuçları (+, test pozitif; -, test negatif)

	Örnek yapılar	**(A1)**	**(A2)**
Alkaloid	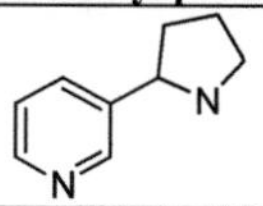	+	+
Antranoid	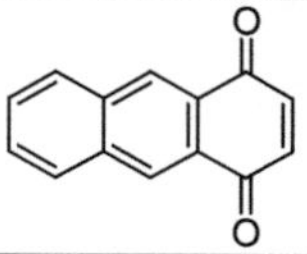	-	-
Antrakinon	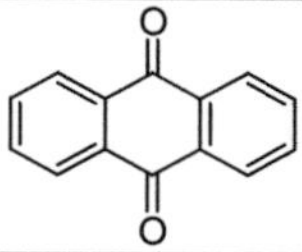	-	-
Kumarin	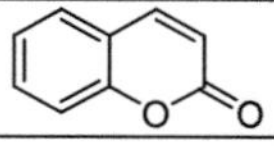	+	+
Lökoantosiyanin	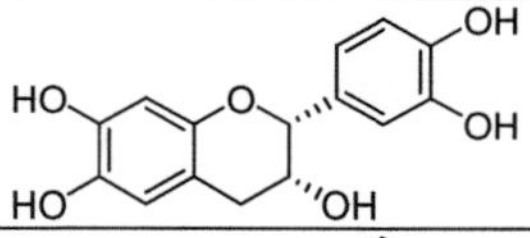	-	-
Flavonoid	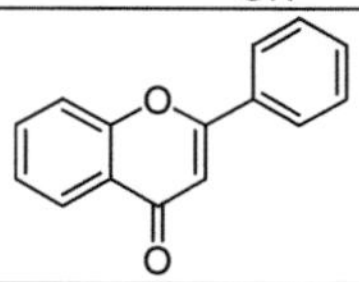	-	+
Tannin	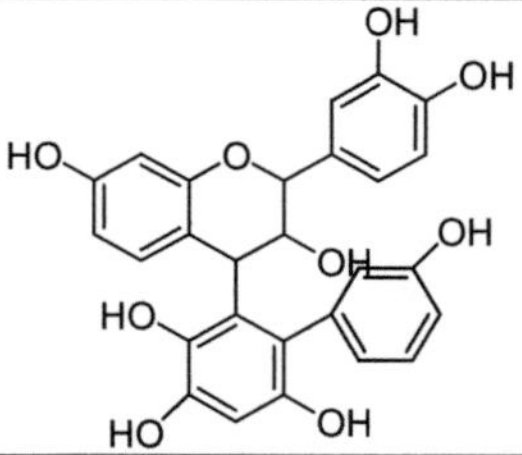	+	+
Polifenol	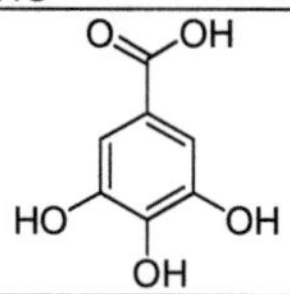	-	-

Saponin		+	-
Kardenolid		-	-

Bitkinin gövde ve yaprak kısmında alkaloid varlığı tespit edilmiştir (Şekil 4.7 ve Şekil 4.8) Gövde ve yaprak için yapılan alkaloid testi pozitif sonuç verirken her ikisinde de quaterner ve tersiyer alkaloid için negatif sonuç alındı.

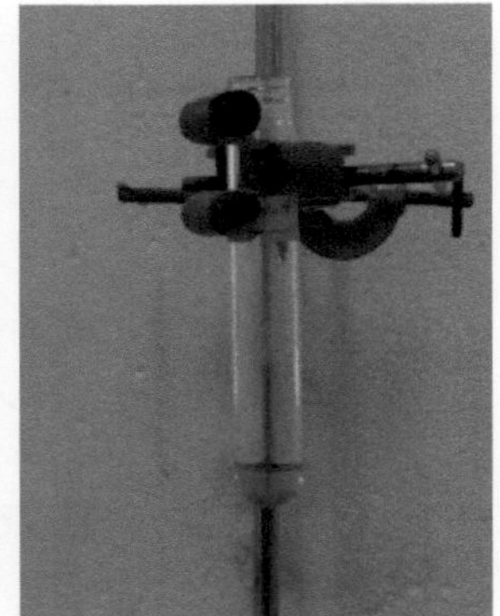

Şekil 4.7. Gövde alkaloid testi

Şekil 4.8. Yaprak alkaloid testi

Bitkinin gövdesinde saponin (Şekil 4.9), yapraklarında ise flavon (Şekil 4.10) tespit edilmiştir. Gövde kısmı flavonoid testi için negatif, yaprak kısmı ise saponin testi için negatif sonuçlar vermiştir.

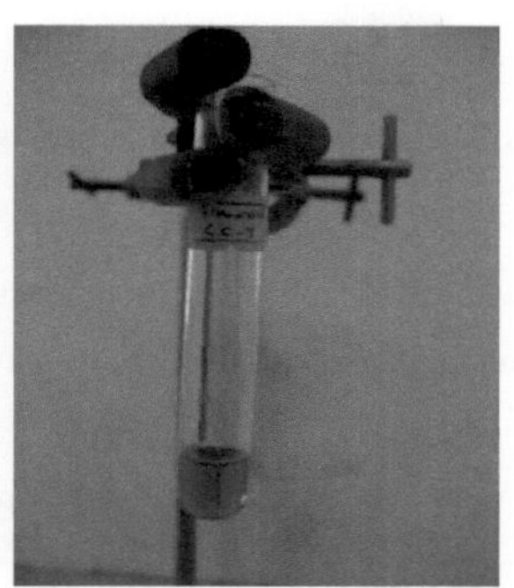

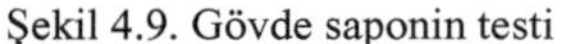

Şekil 4.9. Gövde saponin testi

Şekil 4.10. Yaprak flavonoid testi

Tannin testi için her iki organ da pozitif sonuç vermiştir (Şekil 4.11 ve Şekil 4.12).

Şekil 4.11. Gövde tannin testi

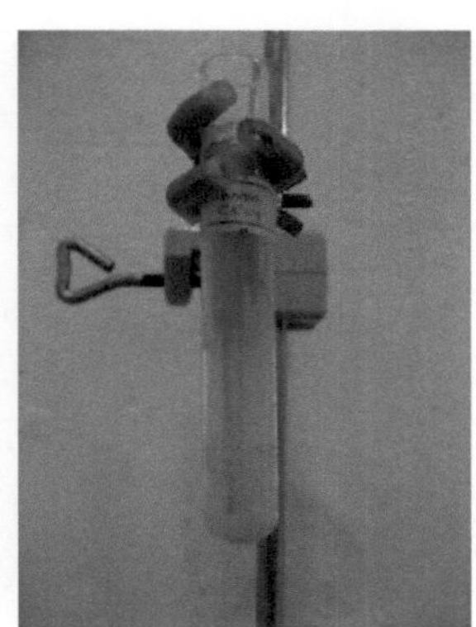

Şekil 4.12. Yaprak tannin testi

Sekonder metabolit tanıma testleri sonuçlarına göre hem gövde kısmı hem de yaprak kısmı için izolasyon çalışmaları yapılmıştır.

4.8. Kolon Kromatografisi Sonuçları

4.8.1. Gövde kısmı için kolon kromatografisi

38 g ham ekstre, 5 cm çapında 70 cm uzunluğundaki kolonda (Şekil 4.13) aşağıdaki çözücü sistemleri kullanılarak elue edildi (Çizelge 4.10).

Çizelge 4.10. A1 kolon kromatografisi için çözücü sistemi

Çözücü sistemi	Harcanan çözücü miktarı (L)	Toplanan fraksiyon
Hekzan	10	1-5
%25 CH_2Cl_2-%75 Hekzan	10	6-9
%50 CH_2Cl_2- %50 Hekzan	7	10-12
%75 CH_2Cl_2- %25 Hekzan	11	13-17
CH_2Cl_2	11.5	18-22
%25 EtOAc- %75 CH_2Cl_2	1.6	23
%10 EtOAc- %90 CH_2Cl_2	3	24-25
%25 EtOAc- %75 CH_2Cl_2	8.8	26-29
%50 EtOAc-%50 CH_2Cl_2	11	30-34
%75 EtOAc- %25 CH_2Cl_2	10	35-38
EtOAc	11	39-42
%10 EtOH- %90 EtOAc	4	43-53
%25 EtOH- %75 EtOAc	11	54-82
%50 EtOH-%50 EtOAc	10.5	83-106
%75 EtOH- %25 EtOAc	10	107-130
EtOH	8	131-134
MeOH	7.5	135-138

%25 EtOH- %75 EtOAc çözücü sistemine kadar fraksiyonlar yaklaşık 2.5 L'lik kısımlar halinde toplanırken, daha sonraki çözücü sistemleri için 500 mL'lik balonlar kullanıldı. Toplanan fraksiyonlar yaklaşık 10 mL çözücü kalıncaya kadar döner buharlaştırıcıda çektirildi. Kristallenme gözlenen tüplerdeki kristaller, uygun çözücülerle yıkanarak kristal üstünden ayrıldı ve spektroskopik yöntemlerle yapı tayinleri gerçekleştirildi. A1 kolon kromatografisinden 5 madde izole edildi.

Şekil 4.13. A1 kolon kromatografisi

4.8.2. Yaprak kısmı için kolon kromatografisi

Elde edilen 64.54 g ham ekstre aşağıdaki çözücü sistemleri ile elue edildi (Çizelge 4.11).

Çizelge 4.11. A2 kolon kromatografisi için çözücü sistemleri

Çözücü Sistemi	**Harcanan çözücü miktarı (L)**	**Fraksiyon kodu**
Hekzan	5	A
%75Hekzan-%25$CHCl_3$	30	B1,B2,B3,B4,B5,B6,B7,B8,B9,B10
%60Hekzan-%40$CHCl_3$	7	C1, C2, C3
%50Hekzan-%50$CHCl_3$	10	D1, D2, D3, D4
%25Hekzan-%75$CHCl_3$	10	E1, E2, E3, E4
$CHCl_3$	3	F
%50Hekzan-%50EtOAc	10	G1, G2, G3
%25Hekzan-%75EtOAc	10	H1, H2, H3, H4
EtOAc	10	J1, J2, J3, J4, J5
%75EtOAc-%25MeOH	10	K1, K2, K3, K4
%50EtOAc-%50MeOH	10	L1, L2, L3, L4
%25EtOAc-%75MeOH	10	M1, M2, M3, M4, M5
MeOH	9	N1, N2, N3, N4, N5

Her bir fraksiyondan yaklaşık 2.5 L toplandı ve elde edilen fraksiyonların çözücüleri 15-20 mL kalıncaya kadar döner buharlaştırıcıda uzaklaştırıldı. Kristallenme gözlenen tüplerde kristal üstü alınarak, kristalin birkaç kez çözücü ile yıkanması ve maddenin saf olarak elde edilmesi sağlandı. Miktarları belirlenen maddelerin yapı tayinleri spektroskopik yöntemlerle belirlendi. A2 kolon kromatografisinden (Şekil 4.14) 6 madde izole edildi.

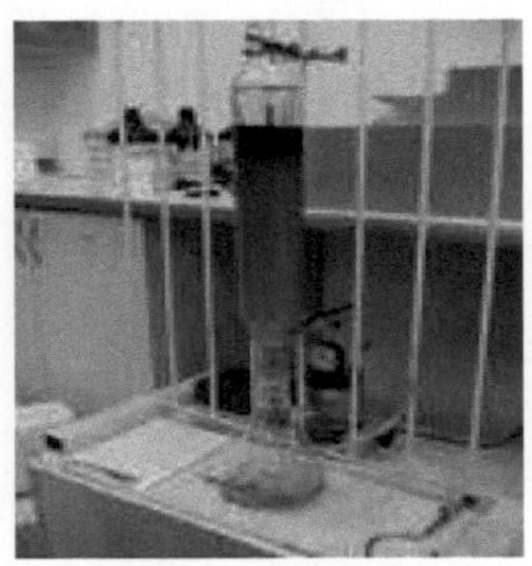

Şekil 4.14. A2 kolon kromatografisi

4.9. Fitokimyasal Çalışmalar

4.9.1. Gövdeden İzole Edilen Bileşikler

Gövde kısmından 2'si (**15** ve **16**) yeni olmak üzere toplam 5 bileşik izole edilmiştir. İzole edilen bileşiklerin yapıları Çizelge 4.12'de verilmiştir.

Çizelge 4.12. Gövdeden izole edilen bileşiklerin yapıları

Bileşik	**Yapısı**
(14)	
(15)	$O-CH_3$; $CH=CH-CH_2-C(=O)-O-CH_2-(CH_2)_{39}-CH_3$
(16)	
(17)	
(18)	$CH_3-(CH_2)_{19}-CH_2-C(=O)-O-CH_2-(CH_2)_{19}-CH_3$

4.9.2. Yapraktan İzole Edilen Bileşikler

Bitkinin yapraklarından 1'i (**19**) yeni olmak üzere toplam 6 bileşik izole edilmiştir. İzole edilen bileşiklerin yapıları Çizelge 4.13'de verilmiştir.

Çizelge 4.13. Yapraktan izole edilen bileşiklerin yapıları

Bileşik	Yapısı
(19)	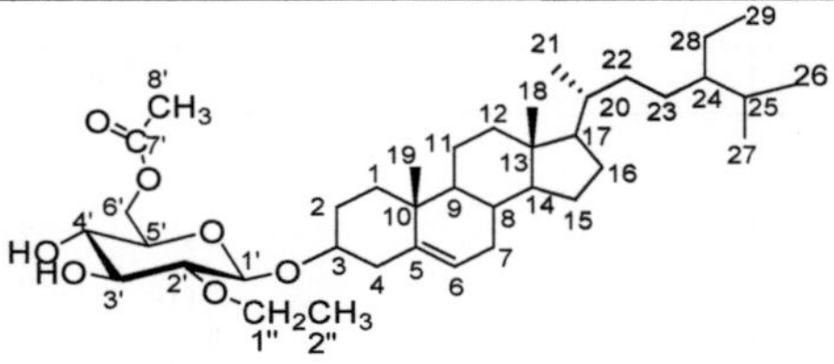
(20)	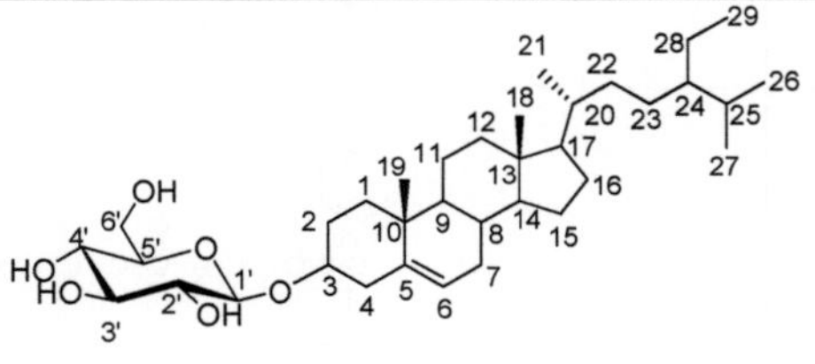
(21)	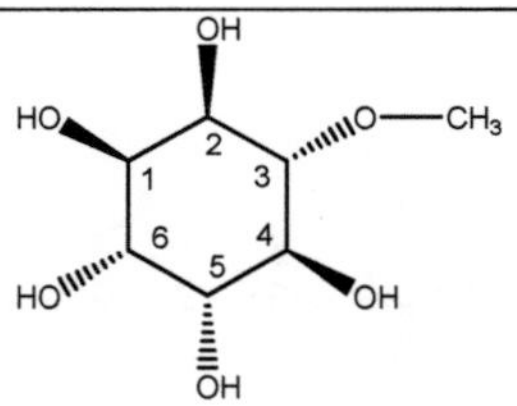
(22)	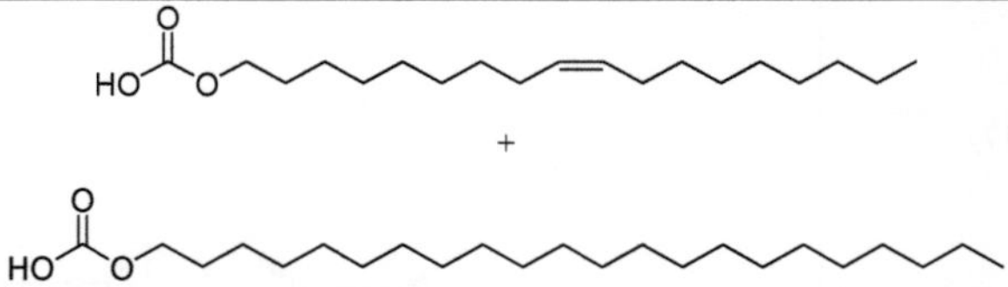
(23)	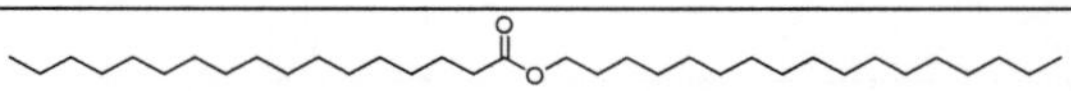
(24)	$CH_3-CH_2-(CH_2)_{26}-CH_2-OH$

4.10. β-Sitosterol (14) Bileşiğinin Fiziksel ve Spektral Özellikleri

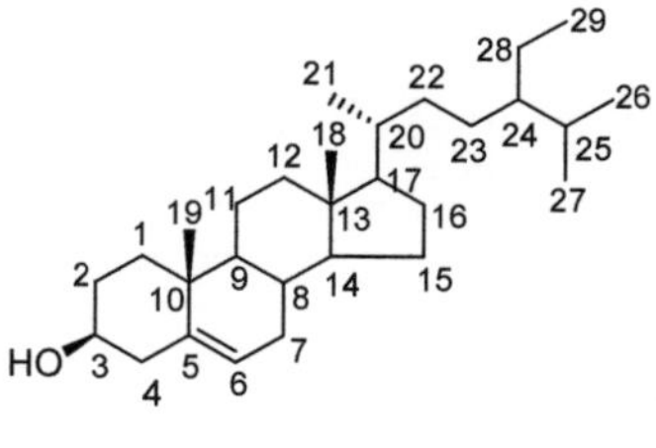

Şekil 4.15. β-Sitosterol bileşiğinin yapısı

14 bileşiği (Şekil 4.15) renksiz kristal halinde, silikajel plakta UV ışığı altında görünmeyen, serik sülfat belirteci püskürtülüp 110°C de bekletildiginde kahve renk alan bir bileşiktir. Bileşik, A1 kolon kromatografisinden %25 EtOAc- %75 CH_2Cl_2 çözücü sisteminden izole edildi (32 mg) vekristallendirildi. Bileşik beyaz renkli olup iğne kristal şeklindedir. Bileşiğin kapalı formülü $C_{29}H_{50}O$ olup molekül ağırlığı 414'dür. Erime noktası: 133-135°C olarak bulunmuştur. Literatürde bileşiğin erime noktası 136-138°C (Patra ve ark., 2010), 133-135°C (Moghaddam ve ark., 2007) olarak belirlenmiştir.

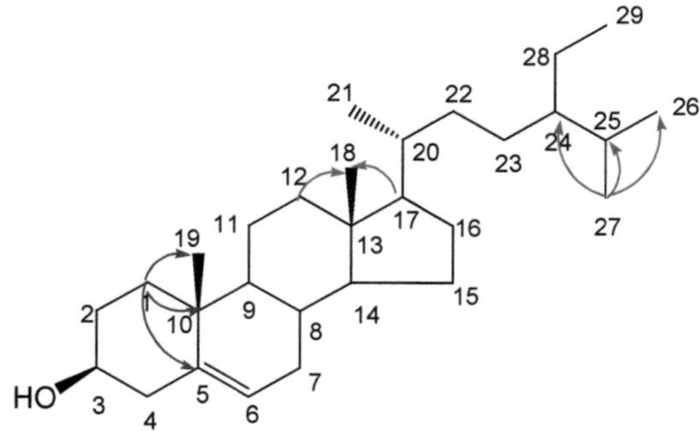

Şekil 4.16. β-Sitosterol bileşiğinin belirlenen HMBC korelasyonları

Çizelge 4.14. β-Sitosterol bileşiğinin ^{1}H-NMR, ^{13}C-NMR kimyasal kayma değerleri ve HMBC korelasyonları

C/H	DEPT	δ_C ppm	δ_H ppm (Hz)	HMBC
1	CH_2	37.25	1.03	
2	CH_2	31.92	1.56	
3	CH	71.82	3.57 m	
4	CH_2	42.31	2.28	
5	C	140.77	-	
6	CH	121.73	5.38 m	
7	CH_2	31.91	2.03	
8	CH	29.71	1.68	
9	CH	50.13	0.96	H_1
10	C	36.51	-	H_1
11	CH_2	21.08	1.51	
12	CH_2	39.78	2.02	H_{18}
13	C	42.33	-	
14	CH	56.76	1.02	
15	CH_2	24.31	1.58	
16	CH_2	28.25	1.27	
17	CH	56.05	1.11	H_{18}
18	CH_3	11.99	0.67 s	
19	CH_3	18.78	0.83 s	
20	CH	36.16	1.35	
21	CH_3	19.83	0.83	
22	CH_2	33.94	2.25	
23	CH_2	26.05	1.18	
24	CH	45.83	0.95	H_{27}
25	CH	29.14	1.68	H_{27}
26	CH_3	19.41	1.01	H_{27}
27	CH_3	19.03	0.81	
28	CH_2	23.06	1.26	
29	CH_3	11.87	0.89	

Bilinen bir bileşik olan β-Sitosterol için oluşturulan Çizelge 4.14, literatür değerleri ile uyum içindedir (Patra ve ark, 2010; Moghaddam ve ark., 2007; Slomp ve Mackellar, 1962; Sadikun ve ark., 1996; Habib ve ark., 2007; Azizudin, 2008). β-Sitosterolün bu türdeki varlığı ilk kez bu çalışma ile ortaya çıkartılmıştır.

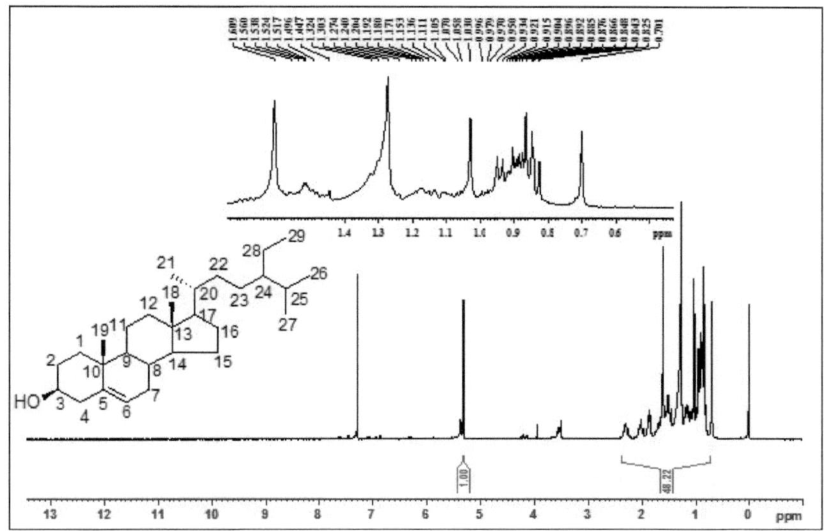

Şekil 4. 17. β-Sitosterol bileşiğinin ^{1}H-NMR spektrumu (400 MHz, $CDCl_3$)

β-Sitosterol bileşiğinin ^{1}H-NMR spektrumundan bileşiğin steroid olduğu ve glikoz yapısı içermediği tespit edilmiştir (Şekil 4.17). Bileşiğe ait ^{1}H-NMR spektrumunda δ 3.57 de m (1H, H-3), δ 5.38'de m (1H, H-6) gözlendi. δ 0.67 (3H, s), ve δ 0.83 (3H, s)'te sırası ile H-18 ve H-19 sinyalleri gözlendi. Steroid yapıdaki bileşiklerin ^{1}H-NMR spektrumlarında 0.5-2.5 ppm arası oldukça karışıktır. İntegrasyon değerlerinden yapıda 50 adet hidrojen atomu olduğu belirlenmiştir. Bu da yapı ile uyum sağlamaktadır.

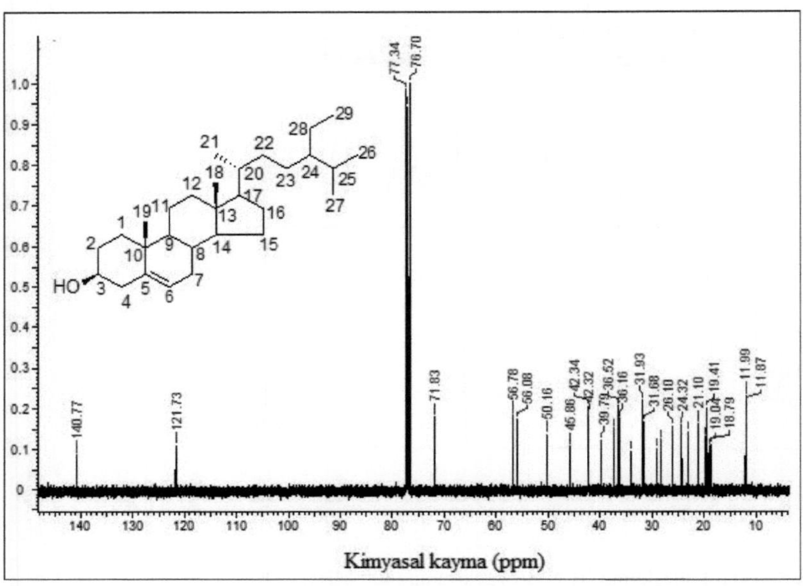

Şekil 4. 18. β-Sitosterol bileşiğinin ^{13}C-NMR spektrumu (100 MHz, $CDCl_3$)

β-Sitosterol bileşiğinin ^{13}C-NMR spektrumu incelendiğinde yapıda 29 tane karbon olduğu görülmektedir (Şekil 4.18). 29 karbondan 3 tanesi kuaterner karbonu, 9 tanesi metin karbonu, 11 metilen karbonu ve 6 metil karbonu içermektedir. Bileşiğin kapalı formülü $C_{29}H_{50}O$'dir. C-5 140.77'de reazonans olurken, C-6 121.73'de rezonans olmuştur.

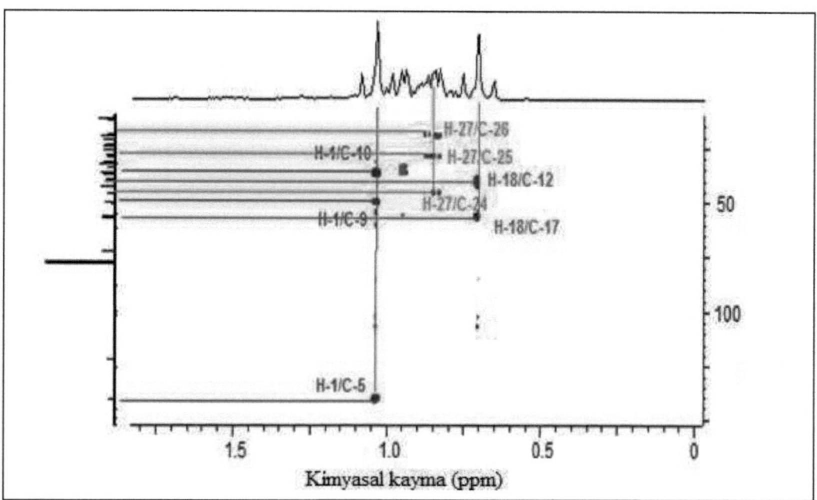

Şekil 4. 19. β-Sitosterol bileşiğinin HMBC spektrumu (100 MHz, $CDCl_3$)

Uzak mesafe etkileşimlerini gösteren HMBC spektrumu molekülün bağlantı noktalarını tespit etmek amacıyla kullanılmıştır. HMBC spektrumunda (Şekil 4.19) H-27 protonunun (0.81 ppm) C-24 (45.83 ppm), C-25 (29.14 ppm) ve C-26 (19.41 ppm) karbonları ile; H-1 protonunun (1.03 ppm) C-5 (140.77 ppm), C-9(50.13 ppm) ve C-10 (36.51 ppm) karbonları ile; H-18 protonunun (0.67 ppm) C-12 (39.78 ppm) ve C-17 (56.05 ppm) karbonları ile uzak mesafe etkileşime girmesi öngörülen yapı ile uyum içerisindedir.

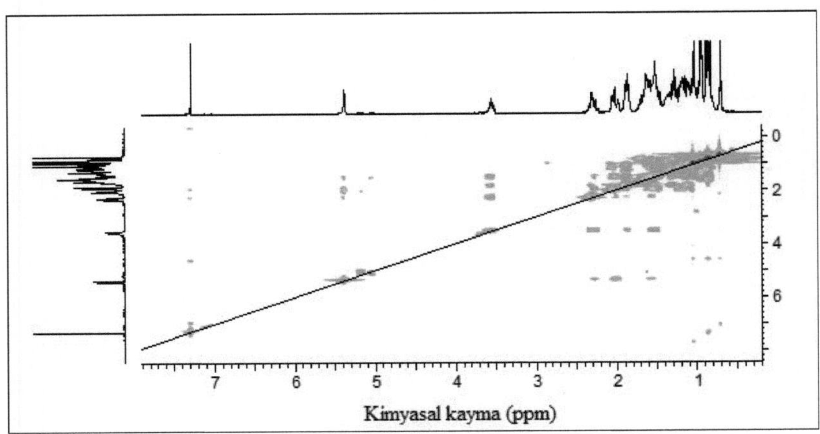

Şekil 4. 20. β-Sitosterol bileşiğinin COSY spektrumu (400 MHz, $CDCl_3$)

Proton-proton etkileşmesini gösteren β-Sitosterol bileşiğinin COSY spektrumu (Şekil 4.20) incelendiğinde δ 3.53'teki H-3 protonunun δ 2.28'deki H-4 protonu ile etkileşmesi görülmektedir. δ 5.38'deki H-6 protonuδ 2.03'deki H-7 protonu ile etkileşmektedir.

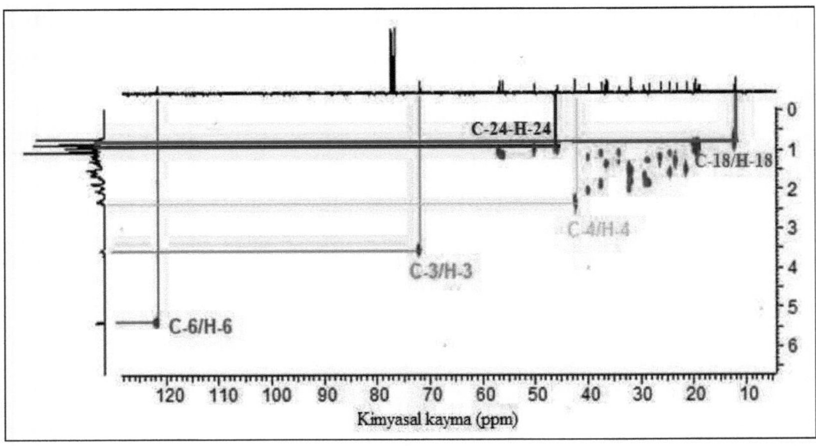

Şekil 4. 21. β-Sitosterol bileşiğinin HETCOR spektrumu (400 MHz, $CDCl_3$)

β-Sitosterol bileşiğinin HETCOR spektrumundan (Şekil 4.21) C-18 (11.99 ppm) karbonunun 0.67 ppm'deki protonla (H-18), C-25 (29.14 ppm) ve C-27 (19.03 ppm) karbonlarının sırası ile 1.68 (H-

25) ve 0.81'deki protonlarla (H-27) etkileştikleri görülmektedir. 45.83 ppm'deki C-24 karbonunun 0.95 ppm'deki protonla (H-24) etkileştiği tespit edilmiştir.

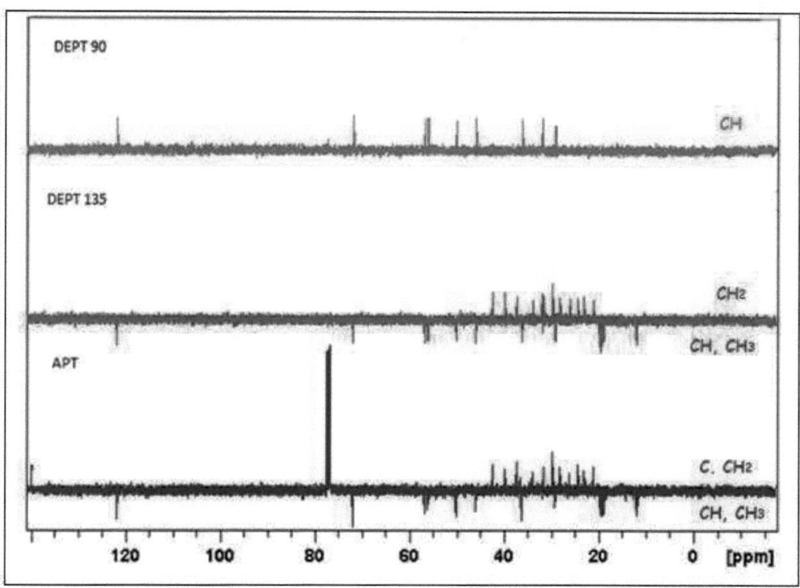

Şekil 4.22. β-Sitosterol bileşiğinin APT, DEPT-90, DEPT-135 spektrumları (100 MHz, $CDCl_3$)

β-Sitosterol bileşiğine ait APT, DEPT-90 ve DEPT-135 spektrumları incelendiğinde yapıda 29 karbon atomu olduğu görülmektedir. 29 karbondan 3 tanesi kuaterner karbonu (DEPT-90 ve DEPT-135 spektrumlarında sinyal vermeyen kısım), 9 tanesi metin karbonu (DEPT-90 spektrumundan pozitif ve DEPT-135 spektrumunda negatif sinyal), 11 metilen karbonu (DEPT-135 ve APT spektrumlarındaki pozitif sinyaller) ve 6 metil karbonu (DEPT-135 ve APT spektrumlarındaki negatif sinyaller) içerdiği tespit edilmiştir (Şekil 4.22).

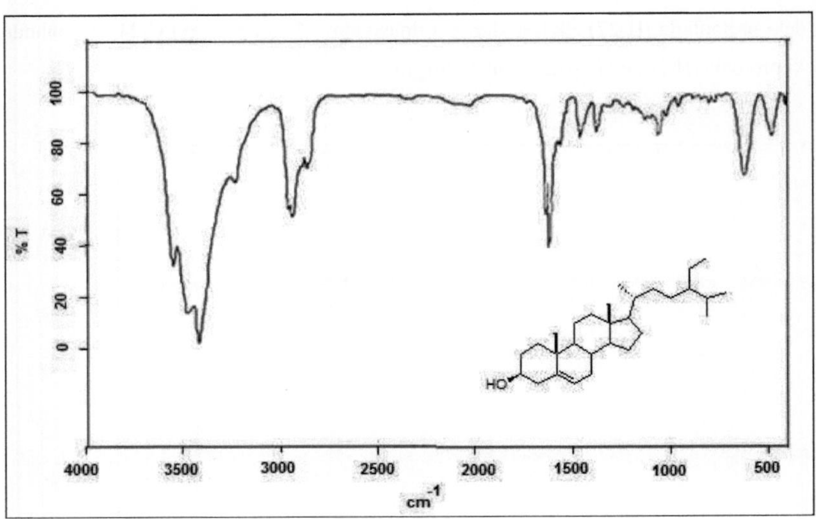

Şekil 4.23. β-Sitosterol bileşiğinin FT-IR spektrumu

FT-IR : υ=3549 (OH gerilimi), 2935 (CH_2), 2867 (alifatik CH gerilimleri), 1637 (C=C gerilimleri, 1063 (C-O gerilimleri) cm^{-1}

4.11. (15) Bileşiğinin Fiziksel ve Spektral Özellikleri

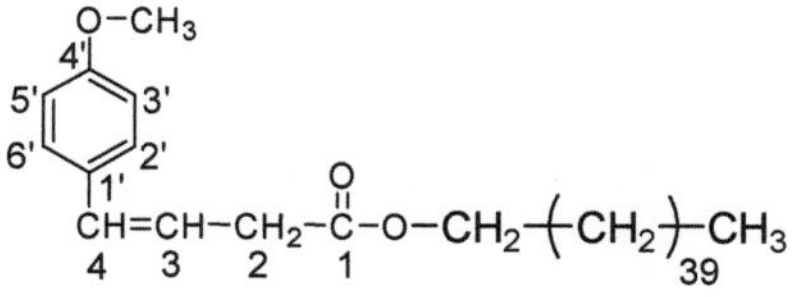

Şekil 4.24. (15) bileşiğinin yapısı

15 bileşiği gövde kısmından %75 Hekzan-%25 CH_2Cl_2 çözücü karışımından 53 mg olarak izole edilmiştir (8. Fraksiyon). Bileşik beyaz renkte ve amorf toz şeklindedir. Bileşiğin kapalı formülü $C_{52}H_{94}O_3$ olup, molekül ağırlığı 766 g/mol'dür. Molekülün yapısı elementel analiz (C %81.40; H %12.98; O 5.62 %) sonucuna göre kesinleştirilmiş ve literatürde bilinmeyen bir bileşik olduğu tespit edilmiştir.

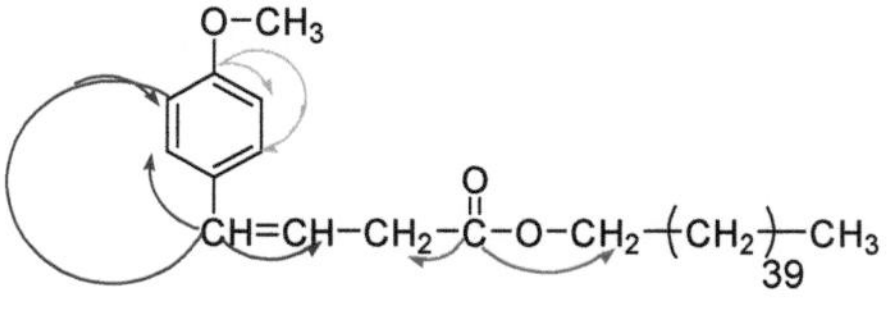

Şekil 4.25. (15) bileşiğinin belirlenen HMBC korelasyonları

Çizelge 4.15. (15) bileşiğinin ^{1}H-NMR, ^{13}C-NMR kimyasal kayma değerleri ve HMBC korelasyonları

C/H	DEPT	δ_C ppm	δ_H ppm (Hz)	HMBC
1	C	171.50	-	$H_{1''}$, H_2
2	CH_2	34.44	2.31	
3	CH	123.47	6.12	
4	CH	130.37	6.38	H_3
1′	C	126.87	-	
2′	CH	127.91	7.28 (d, *J*=2.72 Hz)	
3′	CH	113.93	6.86 (d, *J*=8.64 Hz)	
4′	C	158.63	-	$H_{2'}$, $H_{3'}$,OCH_3
5′	CH	113.93	6.86 (d, *J*=8.64 Hz)	
6′	CH	127.91	7.28 (d, *J*=2.72 Hz)	
1″	CH_2	64.41	4.08 (t, *J*=6.72 Hz)	
2″	CH_2	31.94	1.31	
40″	CH_2	18.44	1.86	
41″	CH_3	14.12	0.90	
OCH_3	CH_3	55.27	3.80 (s)	

15 bileşiğinin yapısındaki uzun alifatik zincirde bulunan protonların üst üste rezonans olması nedeniyle karbon-proton etkileşmeleri Çizelge 4.15'te verilmemiştir.

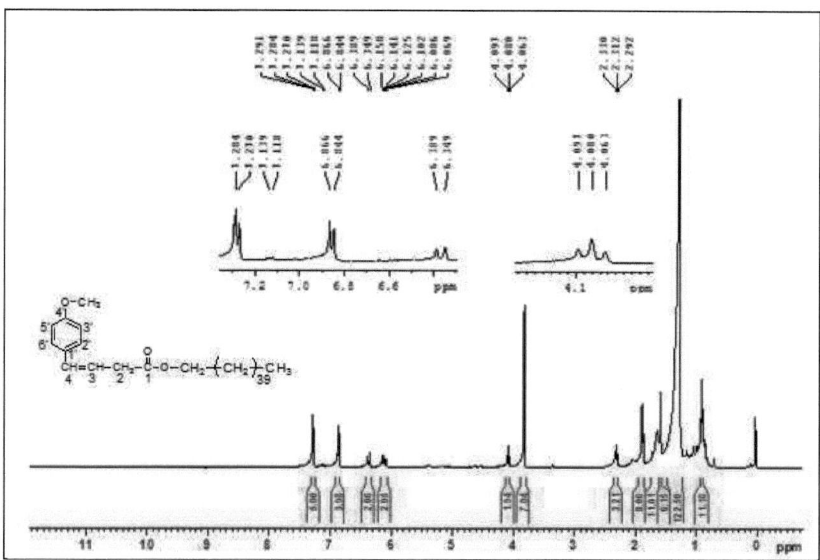

Şekil 4.26. (15) bileşiğinin ^{1}H-NMR spektrumu (400 MHz, $CDCl_3$)

Bileşiğin ^{1}H-NMR spektrumunda (Şekil 4.26), δ 7.28'de (2H, H-2′ ve H-6′, d, J=2.72 Hz), δ 6.86'de (2H, H-3′ ve H-5′, d, J=8.64 Hz), δ 4.08'de (2H, H-1″, t, J=6.72 Hz), δ 3.80'de (3H, -OCH_3, s) sinyalleri gözlendi. Olefinik protonlar (H-3 ve H-4) sırası ile 6.12 ve 6.38 ppm'de rezonans olurken uç metil protonları (H-41″), 0.9 ppm'de triplet olarak rezonans olmuştur. Alifatik zincirdeki –CH_2 gruplarına ait protonların büyük bir kısmı 1.26 ppm'de gözlenmiştir.

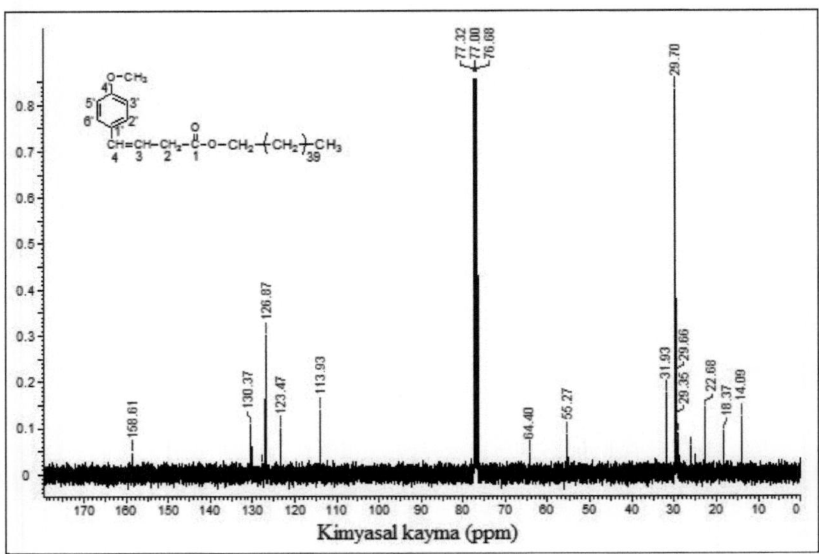

Şekil 4.27. (15) bileşiğinin ^{13}C-NMR spektrumu (100 MHz, $CDCl_3$)

15 bileşiğinin ^{13}C-NMR spektrumu incelendiğinde (Şekil 4.27), 171.50'de gözlenmesi gereken kuaterner karbon atomunun madde miktarının az olması nedeniyle spektrumda görülmediği; bununla beraber bileşiğin APT spektrumunda (Şekil 4.31) C=O pikinin sinyalinin ortaya çıktığı görülmektedir. Aromatik halkadaki kuaterner karbon atomlarına ait sinyaller 158.61 ve 126.87 ppm'de gözlenirken olefinik karbonlar 130.37 ve 123.47 ppm'de rezonans olmaktadır. Aromatik halkadaki –CH protonlarına ait karbon sinyalleri 127.91 ve 113.93 ppm'de gözlenmektedir. **15** bileşiğinin ^{13}C-NMR spektrumunda 29.70 ppm'de gözlenen ve üst üste rezonans olan karbonlar, uzun alifatik –CH_2 gruplarına aittir.

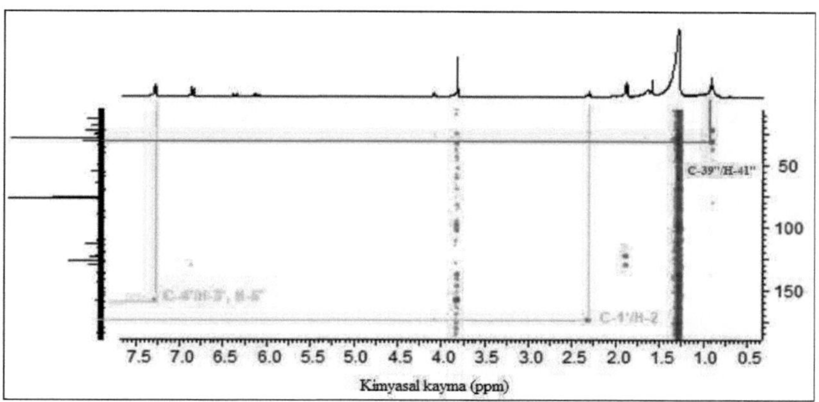

Şekil 4.28. (15) bileşiğinin HMBC spektrumu (100 MHz, $CDCl_3$)

15 bileşiğinin HMBC spektrumunda, C-1 karbonunun (171.50 ppm) 2.31 ppm'deki H-2 protonu ile, C-4′ karbonunun (158.63 ppm) aromatik halkadaki simetrik H-3′ ve H-5′ protonları (6.86 ppm) ile uzak mesafe etkileşimine girdiği görülmektedir. Spektrumdan C-1′ karbonunun (126.87 ppm) H-3′ (6.86 ppm) ve H-4 (1.89 ppm) protonları ile, C-3 karbonunun (123.47 ppm) H-4 protonu (1.89 ppm) ile, C-2″ karbonunun (31.94 ppm) H-4″ protonları (0.9 ppm) ile 2-3 bağ üzerinden uzak mesafe etkileşimine girdiği gözlenmiştir (Şekil 4.28).

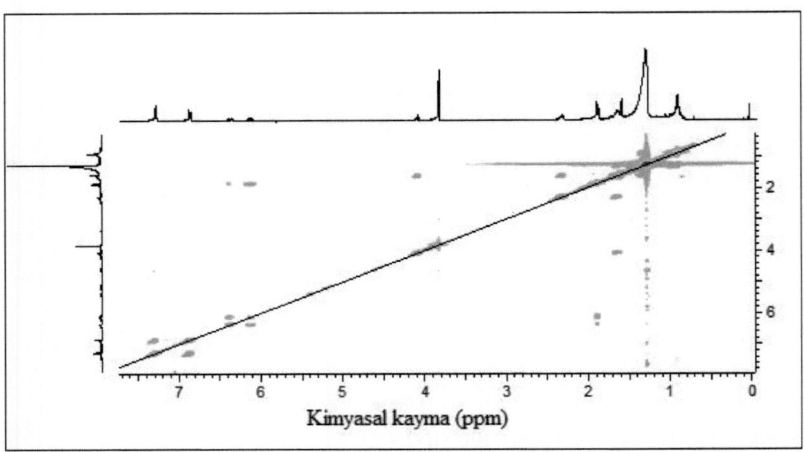

Şekil 4.29. (15) bileşiğinin COSY spektrumu (400 MHz, $CDCl_3$)

Bileşiğe ait COSY spektrumundan (Şekil 4.29), δ 7.28 ppm'deki protonların (H-2′ ve H-6′) sırası ileδ 6.86 ppm'deki protonlarla (H-3′ ve H-5′); δ 6.38'deki H-4 protonunun δ 6.12'deki H-3 protonu ile etkileştiği görülmektedir.

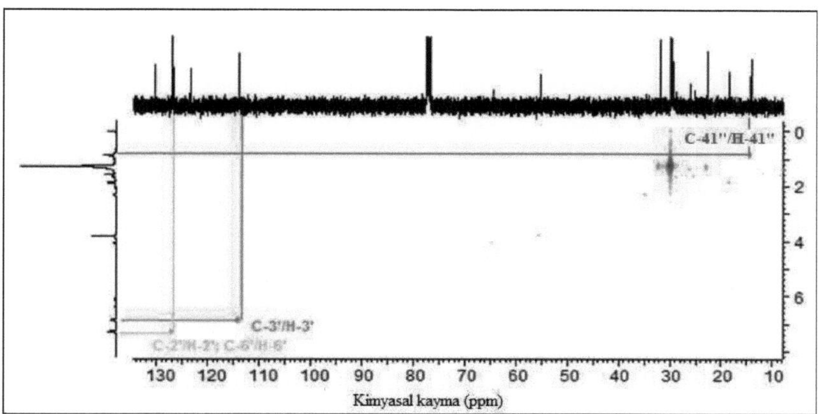

Şekil 4.30. (15) bileşiğinin HETCOR spektrumu (400 MHz, $CDCl_3$)

15 bileşiğinin HETCOR spektrumunda, bileşikteki karbon-proton eşleşmeleri tespit edilmektedir. Benzen halkasındaki C-3′ (113.93 ppm) karbonunun 6.86 ppm'deki protonla (H-3′), C-1″ (64.41 ppm) karbonunun 4.08 ppm'deki (H-1″) protonla, benzen halkasına bağlı metoksi karbonunun (55.27 ppm) 3.80 ppm'deki protonla korele olduğu görülmektedir (Şekil 4.30). Esterin karbonil karbonuna komşu C-2 karbonunun 2.31 ppm'deki protona (H-2), C-2″ (31.94 ppm)'nin 1.31 ppm'deki protona (C-2″), C-41″ (14.12 ppm) karbonunun ise 0.9 ppm'deki protona (H-41″) bağlı olduğu belirlendi.

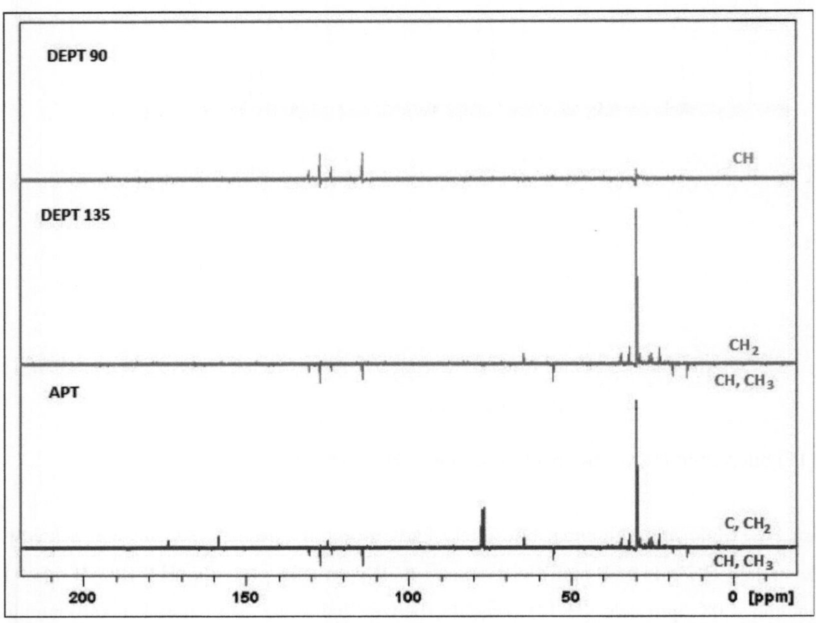

Şekil 4.31. (15) bileşiğinin APT, DEPT-90, DEPT-135 spektrumları (100 MHz, $CDCl_3$)

15 bileşiğinin APT, DEPT-135 ve DEPT-90 spektrumlarından karbon atomlarının metin, metilen, metil ya da kuaterner karbon atomu olup olmadığı tespit edilmiştir. 171.50, 158.63 ve 126.87 ppm'de kuaterner; 130.37, 123.47, 127.91 ve 113.93 ppm'de metin; 64.41, 34.44, 31.94 ve 18.44 ppm'de metilen; 55.27 ve 14.12 ppm'de metil karbonlarının olduğu belirlenmiştir (Şekil 4.31).

4.12. (16) Bileşiğinin Fiziksel ve Spektral Özellikleri

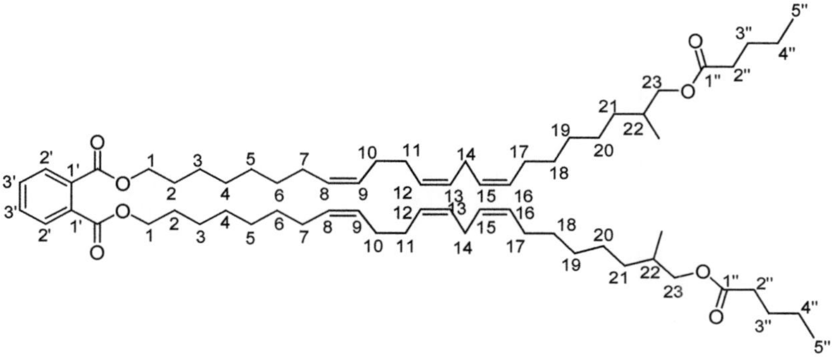

Şekil 4.32. (16) bileşiğinin yapısı

16 bileşiği gövde için yapılan kolon kromatografisinden CH_2Cl_2 çözücü sisteminden kristallendirilerek izole edildi (20. Fraksiyon; 6 mg). Bileşik sarı renkli olup, sıvı haldedir. Bileşiğin kapalı formülü $C_{66}H_{106}O_8$'dir. Molekül ağırlığı 1026 g/mol olarak hesaplanmıştır. Literatürde bu bileşik ile ilgili herhangi bir kayda rastlanmamıştır. **16** bileşiği ilk defa bu çalışma ile izole edilmiştir.

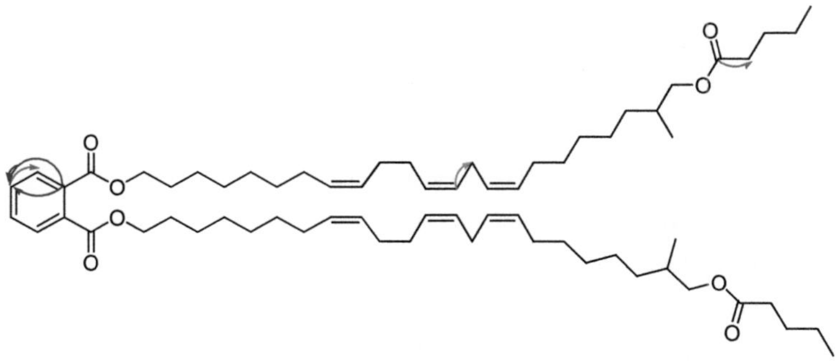

Şekil 4.33. (16) bileşiğinin belirlenen HMBC korelasyonları

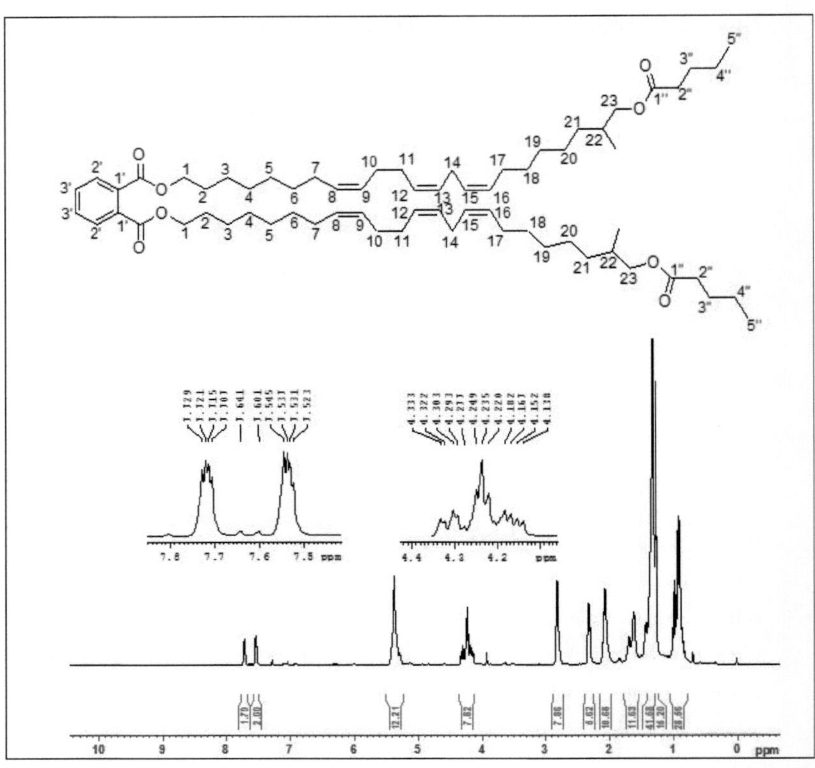

Şekil 4. 34. (16) bileşiğinin ^{1}H-NMR spektrumu (400 MHz, $CDCl_3$)

16 bileşiğinin ^{1}H-NMR spektrumundan (Şekil 4.34), 7.72 ve 7.53 ppm'deki aromatik protonların AB sistemi verdiği (J=6.71 Hz, 3.11 Hz; H-2′, H-3′) görülmektedir. Olefinik protonlar (12 adet) δ 5.37 ppm civarında, H-1 ve H-23 protonları δ 4.23 ppm civarında sinyal vermiştir. 2.81 ppm'de H-14, 2.32 ppm'de H-2″ ve H-22 protonlarının rezonans sinyalleri görülmektedir. H-10 ve H-11 allilik protonları 2.07 ppm'de multiplet olarak rezonans olmuşlardır. δ 1.66 civarında gözlenen multiplet, H-2 ve H-3″ protonlarına aittir. Spektrumun en yukarı alanında (0.91 ppm) H-5″ sinyali gözlenmektedir.

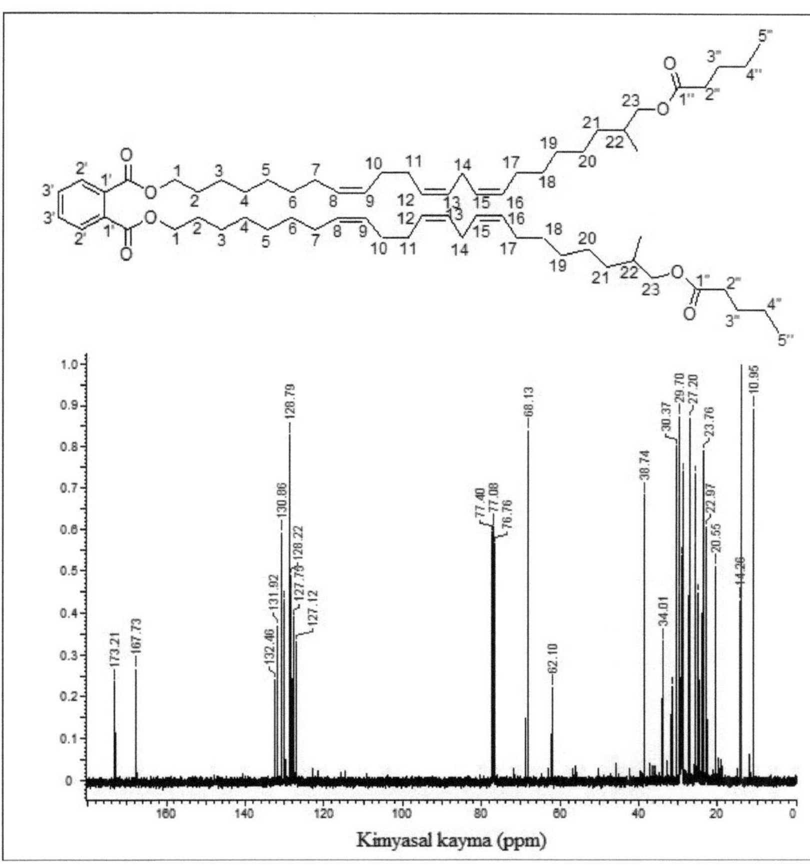

Şekil 4.35. (16) bileşiğinin ^{13}C-NMR spektrumu (100 MHz, $CDCl_3$)

16 bileşiğine ait ^{13}C-NMR spektrumundan (Şekil 4.35), yapıda 33 farklı karbon atomu olduğu belirlenmiştir. Bunlardan 19 tanesi metilen, 9 tanesi metin, 2 tanesi metil ve 3 tanesi kuaterner karbon atomlarına aittir. Belirlenen yapı simetrik olduğu için toplam 66 karbon atomu mevcuttur. 173.21 (C-1″) ve 167.73 ppm'deki karbon atomları karbonil karbonlarına, 132.46 (C-1′), 128.79 (C-2′), 130.86 (C-3′) ppm'deki sinyaller aromatik halkadaki karbon atomlarına aittir.

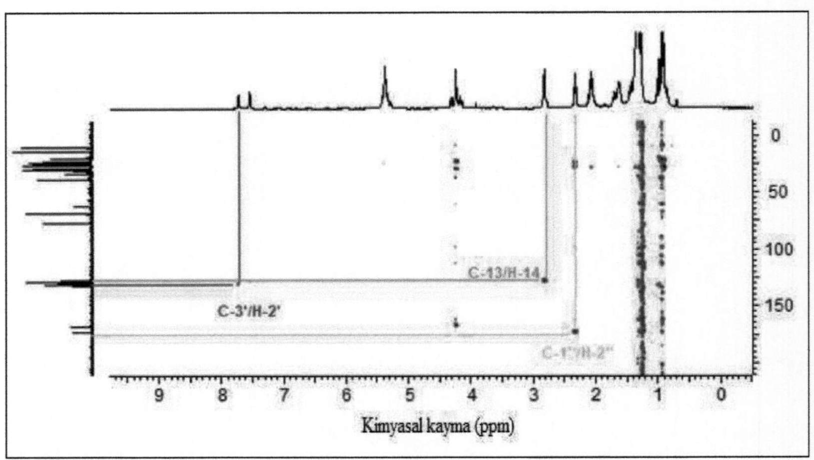

Şekil 4. 36. (16) bileşiğinin HMBC spektrumu (100 MHz, $CDCl_3$)

16 bileşiğinin HMBC spektrumundan (Şekil 4.36) C-3′ (130.86 ppm) karbonunun H-2′ protonu (7.70 ppm) ile, C-1′ (132.46 ppm) ve C-2′ (128.79 ppm) karbonlarının H-3′ (7.52 ppm) protonu ile, C-1″ (173.21 ppm) karbonunun H-2″ (2.32 ppm) ile, C-13 (127.75 ppm) H-14 (2.81 ppm) uzak mesafe ekileşimine girdikleri tespit edilmiştir.

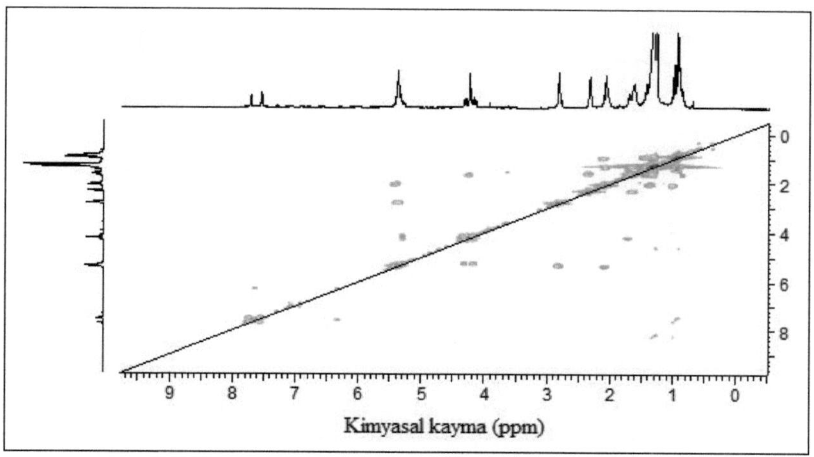

Şekil 4. 37. (16) bileşiğinin COSY spektrumu (400 MHz, $CDCl_3$)

16 bileşiğinin COSY spektrumu incelendiğinde 7.70 ppm'deki H-2′ protonunun 7.52 ppm'deki H-3′ protonu ile; 4.23 ppm'deki H-1 protonunun 1.70 ppm'deki H-2 protonu ile; 2.32 ppm'deki H-2″ protonunun 1.62 ppm'deki H-3″ protonu ile; 0.88 ppm'deki H-5″ protonunun 1.32 ppm'deki H-4″ protonu ile etkileşime girdiği görülmektedir (Şekil 4.37).

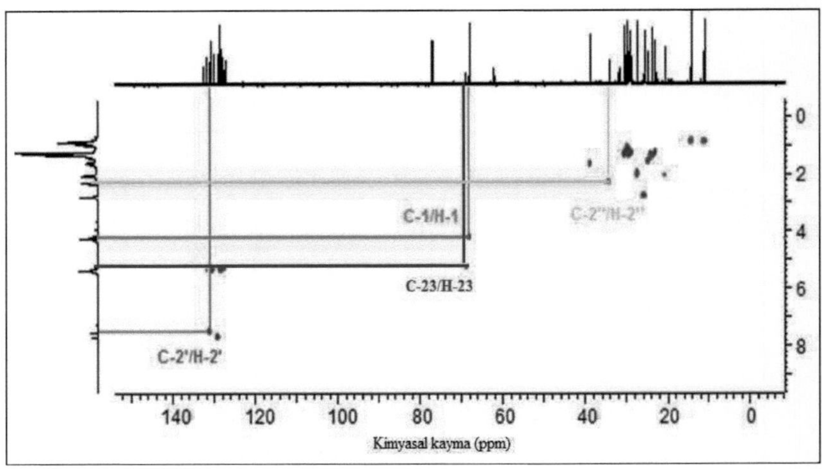

Şekil 4. 38. (16) bileşiğinin HETCOR spektrumu (400 MHz, $CDCl_3$)

16 bileşiğinin HETCOR spektrumunda bileşikteki karbon-proton etkileşmeleri tespit edilmektedir. Aromatik halkadaki C-2′ (128.79 ppm) karbonunun 7.70 ppm'deki protonla (H-2′), C-3′ (130.86 ppm) karbonunun 7.52'deki protonla (H-3′) korele olduğu görülmektedir. Moleküldeki çift bağ karbonları C-8, C-9, C-12, C-13, C-15, C-16 (sırası ile 128.27, 131.92, 128.22, 127.75, 128.27, 128.22 ppm) 5.35, 5.37, 5.34, 5.32, 5.30, 5.34 ppm'lerdeki protonlarla etkileşmektedir. C-1 (68.13 ppm) karbonunun 4.22 ppm'deki protonla (H-1), C-2 (30.37 ppm) karbonunun 1.37 ppm'deki protonla (H-2), C-2″ (34.01 ppm) karbonunun 2.31 ppm'deki protonla (H-2″) etkileştiği tespit edilmiştir (Şekil 4.38).

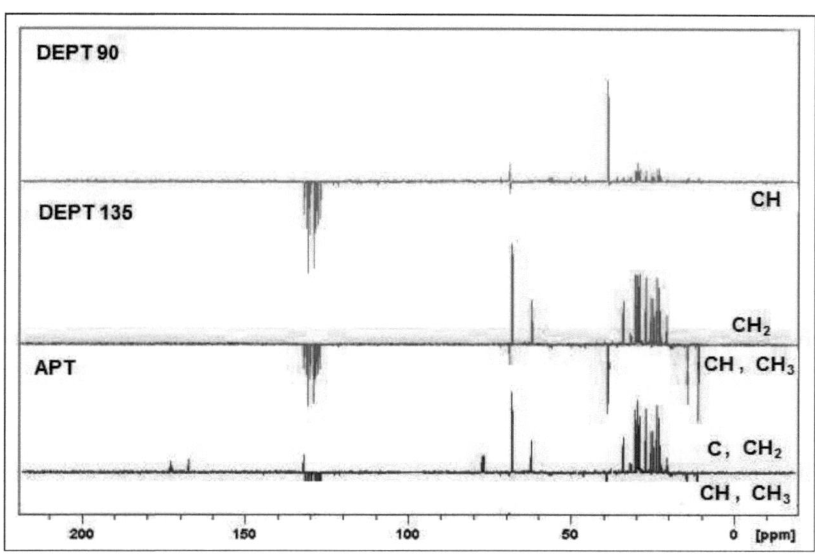

Şekil 4.39. (16) bileşiğinin APT, DEPT-90, DEPT-135 spektrumları (100 MHz, $CDCl_3$)

Bileşiğin APT, DEPT-90 ve DEPT-135 spektrumundan (Şekil 4.39) bileşiğin yapısında 33 karbon atomu olduğu, bu karbonlardan 19 tanesinin metilen, 2 tanesi aromatik olmak üzere 9 karbon atomunun metin, 1 tanesi aromatik olmak üzere 3 karbon atomunun kuaterner karbon atomuna ait olduğu tespit edilmiştir. Bunun dışında **16** bileşiğinin yapısında 2 metil grubunun varlığı görülmektedir.

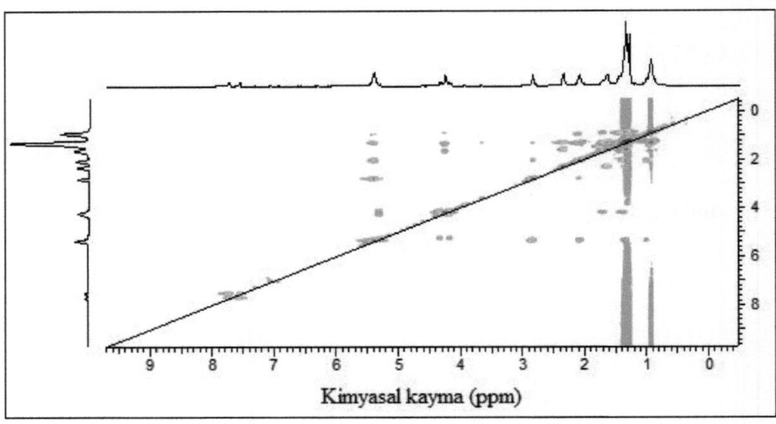

Şekil 4.40. (16) bileşiğinin TOCSY spektrumu (400 MHz,$CDCl_3$)

16 bileşiğinin TOCSY spektrumundan (Şekil 4.40), 0.90, 1.28, 1.70 ve 2.10 ppm'deki protonların kesintisiz olarak birbiri ile etkileştiği gözlenmektedir.

4.13. Sukroz (17) Bileşiğinin Fiziksel ve Spektral Özellikleri

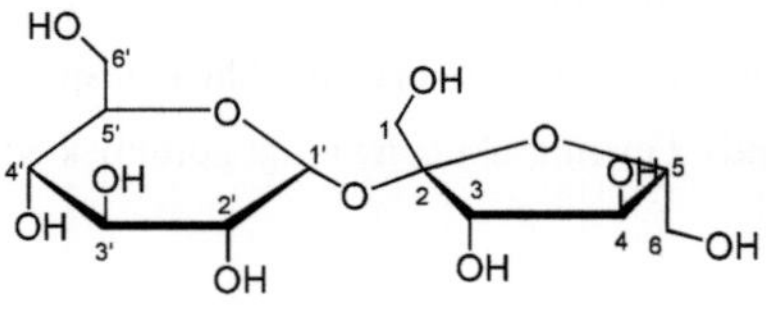

Şekil 4.41. Sukroz bileşiğinin yapısı

Sukroz **(17)**, A1 kolon kromatografisinden, %50 EtOH-%50 EtOAc çözücü sisteminden 394 mg olarak izole edilmiştir (97. Fraksiyon). Erime noktası 179°C olarak bulunmuştur. Bileşiğin ^{13}C-NMR ve ^{1}H-NMR değerleri literatürde belirlenen değerler ile uyum göstermektedir (Popov ve ark., 2006; Wink ve ark., 2009).

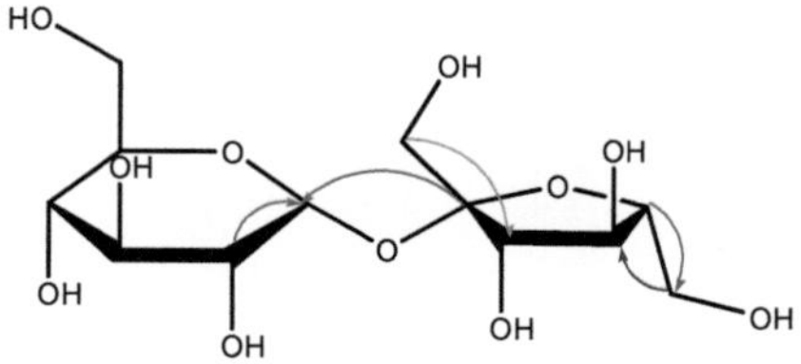

Şekil 4.42. Sukroz bileşiğinin belirlenen HMBC korelasyonları

Çizelge 4.16. Sukroz bileşiğinin ^{1}H-NMR, ^{13}C-NMR kimyasal kayma değerleri ve HMBC korelasyonları

C/H	DEPT	δ_C ppm	δ_H ppm (Hz)	HMBC
1	CH_2	62.58	3.55	H_3
2	C	104.18	-	$H_{1'}$
3	CH	77.50	3.87 (t, *J*=8.00)	
4	CH	74.45	3.76	
5	CH	83.00	3.56	H_6
6	CH_2	62.52	3.40	H_4
1′	CH	92.23	5.17	
2′	CH	72.09	3.16	$H_{1'}$
3′	CH	73.27	3.48	$H_{5'}$
4′	CH	70.31	3.16	
5′	CH	73.27	3.65	$H_{3'}$
6′	CH_2	60.95	3.59	

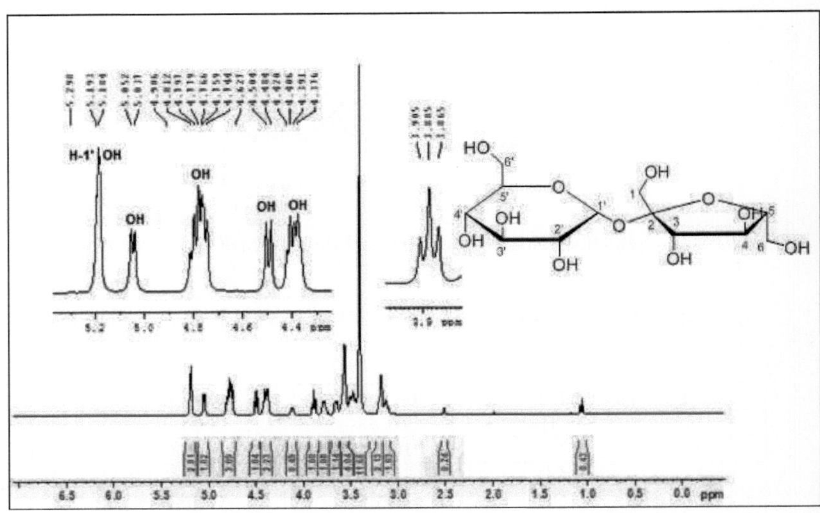

Şekil 4.43. Sukroz bileşiğinin ^{1}H-NMR spektrumu (400 MHz, DMSO-d_6)

Sukroz bileşiğinin ^{1}H-NMR spektrumundaki (Şekil 4.43) 4.30-5.30 ppm arasındaki pikler –OH protonlarına aittir. δ 3.87'deki triplet H-3′ protonuna aittir (J=8.00 Hz).

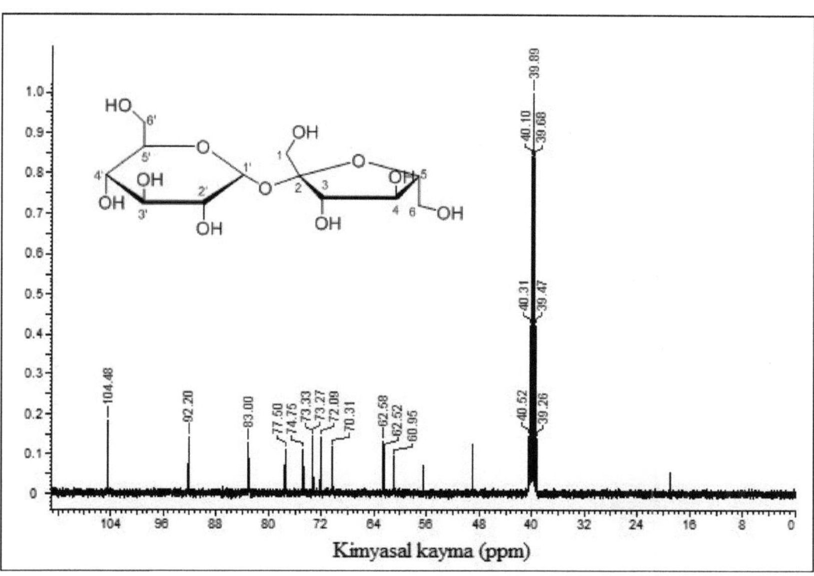

Şekil 4.44. Sukroz bileşiğinin ^{13}C-NMR spektrumu (100 MHz DMSO-d_6)

Sukroz bileşiğinin ^{13}C NMR spektrumu incelendiğinde (Şekil 4.44) yapıda 12 karbon atomunun olduğunu görmekteyiz. Yapıdaki karbonların dışında 56.62, 49.08 ve 18.99 ppm'de gözlenen sinyaller ise çözücü (etanol ve metanol) karbonlarına aittir.

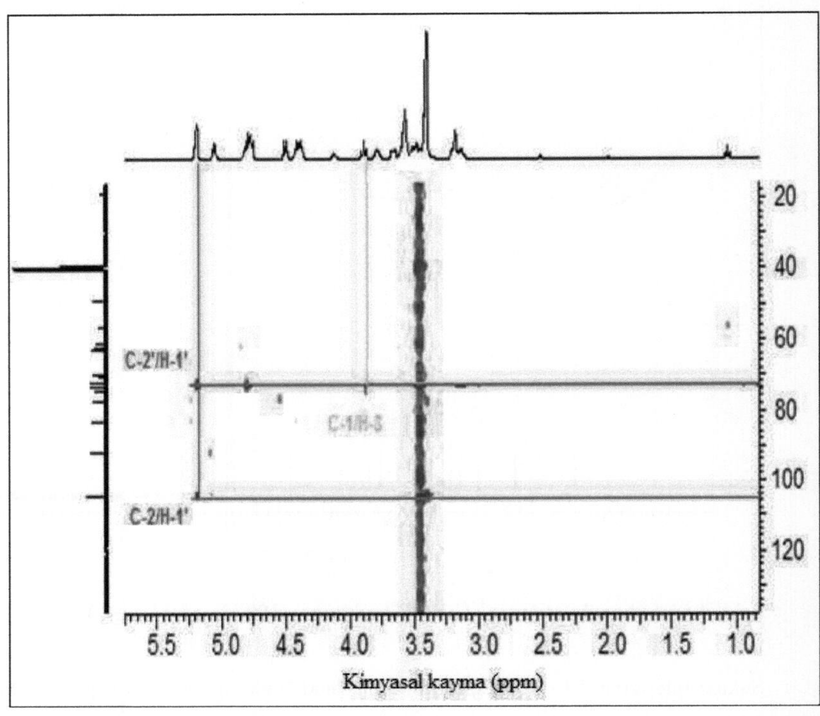

Şekil 4.45. Sukroz bileşiğinin HMBC spektrumu (400 MHz, DMSO-d_6)

Sukroz bileşiğinin HMBC spektrumundan C-2 (104.18 ppm) ve C-2′ (72.09 ppm) karbonlarının H-1′ (5.17 ppm) protonu ile, C-5 (83.00 ppm) karbonunun H-6 (3.40 ppm) protonu ile, C-3′ ve C-5′ karbonlarının (73.27 ppm) H-5′ ve H-3′ protonları (3.16 ppm) ile uzak mesafe ekileşimine girdikleri gözlenmektedir (Şekil 4.45). Bunun dışında, C-1 karbonunun (62.58 ppm) H-3 protonu (3.87 ppm) ile C-6 karbonunun (62.52 ppm) H-4 protonu (3.76 ppm) ile uzak mesafe etkileşimine sahip olması sukroz molekülünün yapısı ile uyum sağlamaktadır.

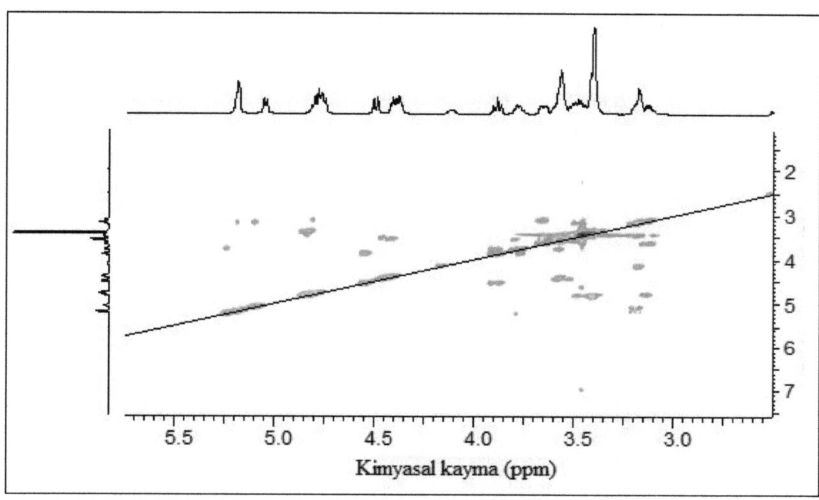

Şekil 4.46. Sukroz bileşiğinin COSY spektrumu (400 MHz, DMSO-d_6)

Sukroz bileşiğinin COSY spektrumundan H-1′ ve H-2′ protonlarının (5.17-3.16 ppm), H-5′ ve H-4′ protonlarının (3.65-3.16 ppm) etkileştiği görülmektedir (Şekil 4.46).

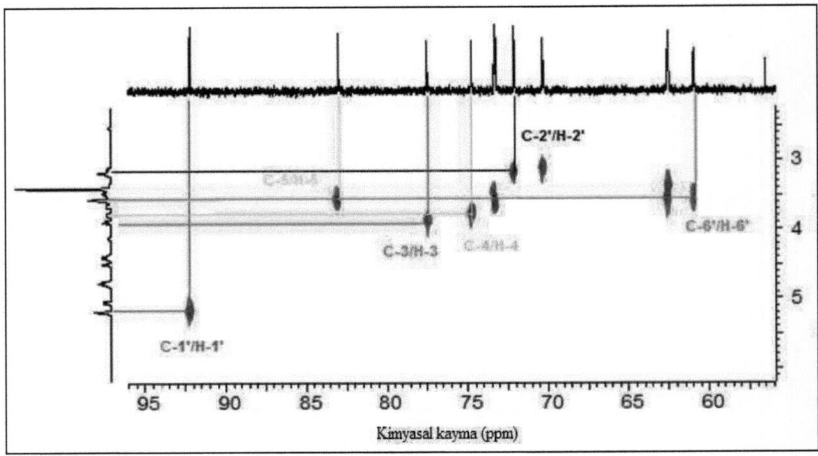

Şekil 4.47. Sukroz bileşiğinin HETCOR spektrumu (400 MHz, DMSO-d_6)

Bileşiğin HETCOR spektrumundan hangi karbonun hangi protonla korele olduğu tespit edilmiştir. C-1′ karbonu (92.23 ppm), 5.17 ppm'deki protonla (H-1′); C-5 (83.00 ppm), 3.56 ppm'deki protonla (H-5); C-3 (77.50 ppm) 3.87 ppm'deki protonla (H-3) etkileşmektedir. C-4 karbonu (74.45 ppm), 3.76 ile (H-4); 73.27 ppm'deki C-3′ ve C-5′ karbonları ise sırasıyla 3.48 (H-3′) ve 3.65 (H-5′) ppm'deki protonlarla etkileşmektedir (Şekil 4.47). Yapıdaki diğer etkileşmeler de Şekil 4.47'den yararlanılarak belirlenmiş ve Çizelge 4.16'da verilmiştir.

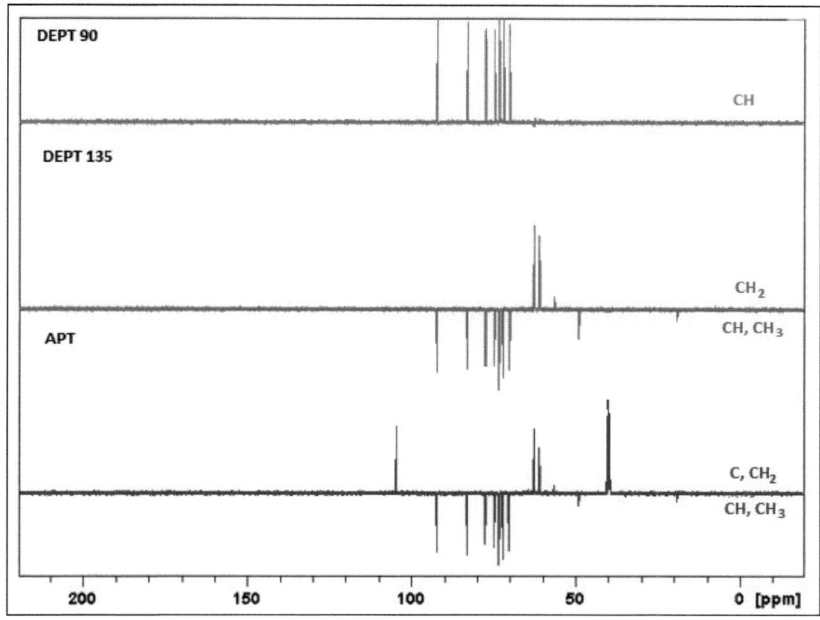

Şekil 4.48. Sukroz bileşiğinin APT, DEPT-90 ve DEPT-135 spektrumları (100 MHz, DMSO-d_6)

Sukroz bileşiğine ait DEPT-90 spektrumundan yapıda 8 tane CH, DEPT-135 spektrumundan 3 tane metilen karbonu (CH_2), APT spektrumundan ise 1 kuaterner karbon atomu içerdiği tespit edilmiştir (Şekil 4.48). Molekülde metil karbonu bulunmamaktadır.

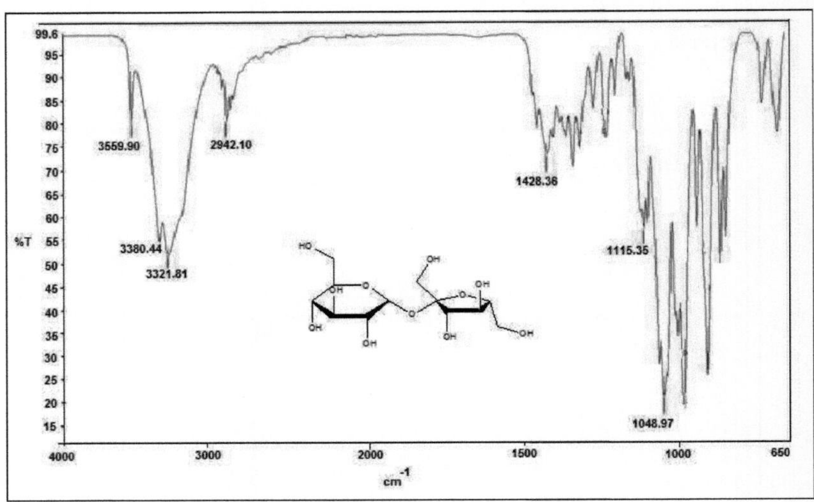

Şekil 4.49. Sukroz bileşiğinin FT-IR spektrumu

FT-IR : υ : 3380, 3321 (OH gerilimi), 2942 (CH gerilmeleri), 1003-1161 (C-O-C) cm^{-1}

4.14. (19) Bileşiğinin Fiziksel ve Spektral Özellikleri

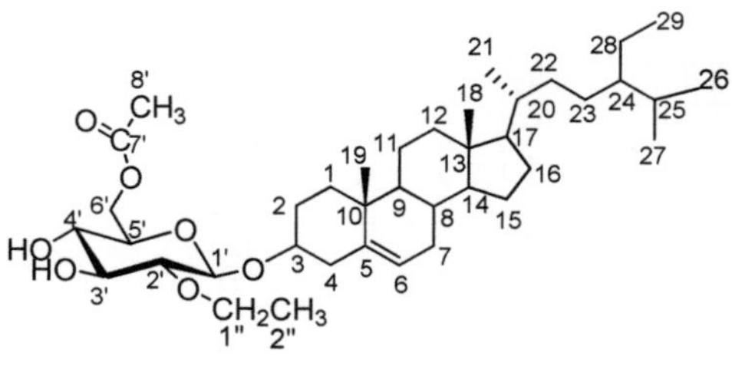

Şekil 4.50. (19) bileşiğinin yapısı

19 bileşiği, yaprak kısmı için yapılan kolon kromatografisinden (A2 kolon kromatografisi) %100 EtOAc fraksiyonundan 201 mg olarak izole edilmiştir (J4. Fraksiyon). Bileşik beyaz renkte olup amorf toz şeklindedir. Bileşik yeni olup, ilk defa bu çalışma ile izole edilmiştir. $C_{39}H_{64}O_7$ kapalı formülüne sahip olan **19** bileşiğinin molekül ağırlığı 644'tür.

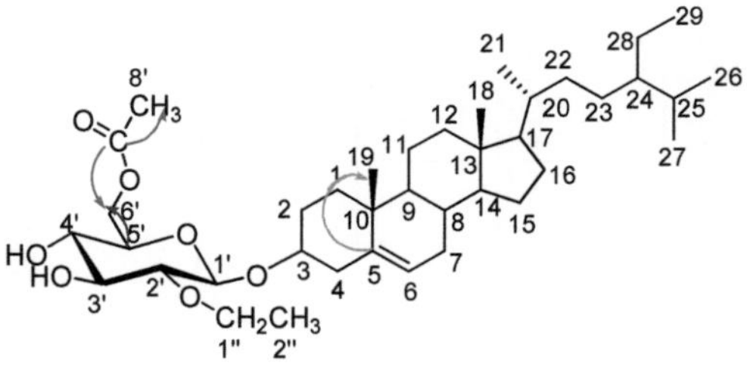

Şekil 4.51. (19) bileşiğinin belirlenen HMBC korelasyonları

Çizelge 4.17. (19) bileşiğinin ^{1}H-NMR ve ^{13}C-NMR kimyasal kayma değerleri (400 MHz, DMSO-d_6)

Karbon no	**DEPT, APT**	**δ_C (ppm)**	**δ_H (ppm)**
1	CH_2	37.31	1.78
2	CH_2	31.85	1.92
3	CH	77.45	3.44
4	CH_2	38.78	2.12
5	C	140.95	-
6	CH	121.65	5.30(brs)
7	CH_2	24.34	1.02
8	CH	31.91	1.54
9	CH	50.10	0.88
10	C	36.70	-
11	CH_2	33.85	1.25
12	CH_2	29.73	1.51
13	C	42.34	-
14	CH	56.67	0.97
15	CH_2	23.11	1.22
16	CH_2	28.26	1.75
17	CH	55.93	1.09
18	CH_3	12.25	0.65
19	CH_3	19.41	0.96
20	CH	35.96	1.31
21	CH_3	20.16	0.81
22	CH_2	29.75	0.81
23	CH_2	25.97	1.12
24	CH	45.65	0.89
25	CH	29.22	1.62
26	CH_3	19.56	0.94
27	CH_3	19.09	0.88
28	CH_2	21.08	1.44
29	CH_3	12.13	0.92
1′	CH	101.30	4.16 (d, J=8.00 Hz)
2′	CH	73.95	2.90
3′	CH	77.26	3.06
4′	CH	70.60	3.05
5′	CH	77.21	3.09
6′	CH_2	61.60	4.12
7′	C	170.79	-
8′	CH_3	21.21	2.00
1″	CH_2	60.21	4.04 (q, J=7.14 Hz)
2″	CH_3	14.61	1.18

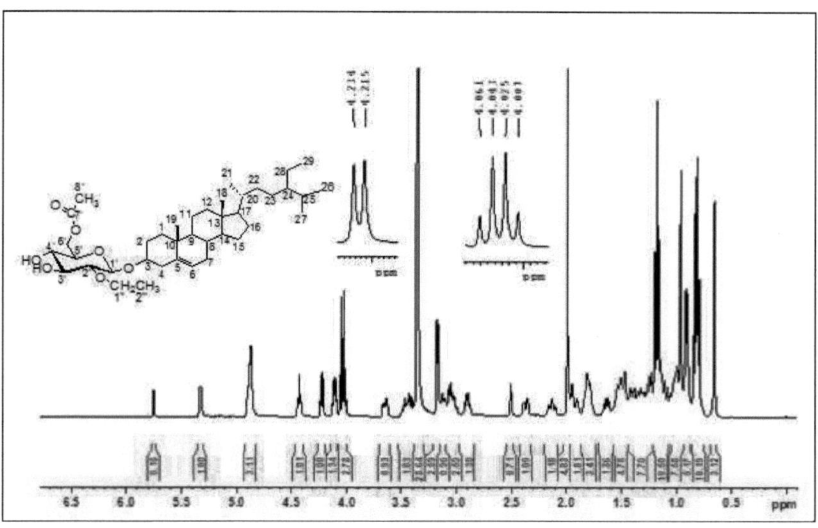

Şekil 4.52. (19) bileşiğinin ^{1}H-NMR spektrumu (400 MHz, DMSO-d_6)

19 bileşiğine ait ^{1}H-NMR spektrumundan H-6 protonunun 5.30 ppm'de broad singlet, H-1′ protonunun δ 4.16'da dublet (*J*=8.00 Hz) olarak rezonans olduğu görülmüştür (Şekil 4.52). Daucosterin **(20)** molekülünden farklı olarak yapıda $-OCH_2CH_3$ (etoksi) ve asetat bulunmaktadır. Etoksi kısmındaki H-1″ protonu δ 4.04'de quartet (*J*=7.14 Hz), H-2″ protonuδ 1.18'de triplet olarak rezonans olmuştur. Asetat kısmındaki H-8′ protonu ise 2.00 ppm'de singlet olarak rezonans olmuştur. Yapıdaki diğer pikler literatürde (Catalan ve ark., 1983; Moghaddam ve ark., 2006; Wang ve ark., 2007) bilinen bir bileşik olan daucosterin ile uyumludur.

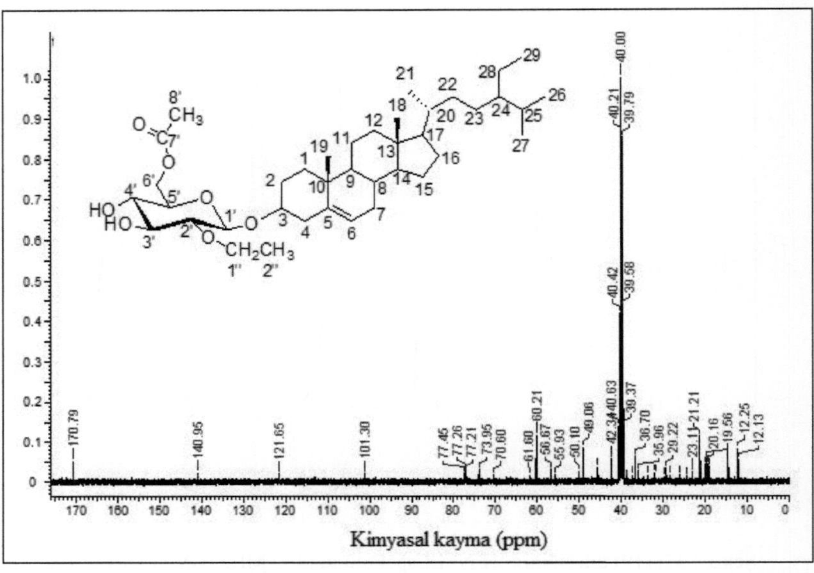

Şekil 4.53. (19) bileşiğinin ^{13}C-NMR spektrumu (100 MHz DMSO-d_6)

19 bileşiğine ait ^{13}C NMR spektrumundan yapıda 39 karbon atomu olduğu belirlenmiştir (Şekil 4.53). 170.79 ve 140.95 ppm'de rezonans olan karbonlar kuaterner karbon atomlarını göstermektedir (C-7′ ve C-5). 121.65 ppm'de çift bağı oluşturan metin karbonuna, 101.30 ppm'deki metin karbonu ise anomerik karbona ait sinyali göstermektedir.

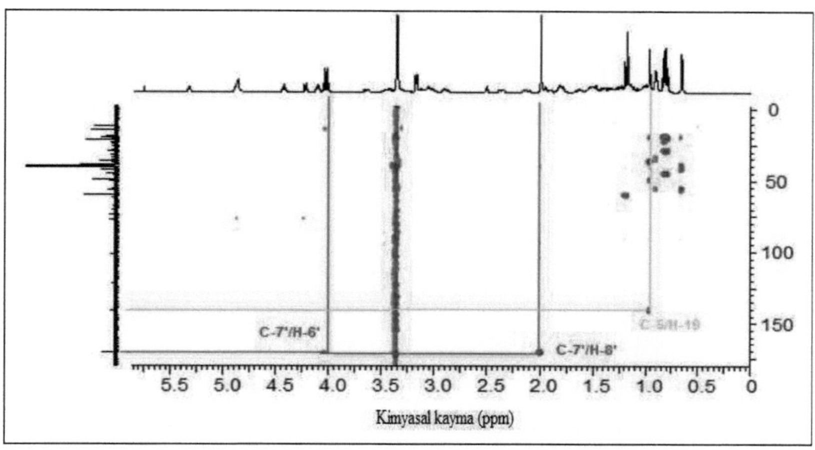

Şekil 4.54. (19) bileşiğinin HMBC spektrumu (400 MHz, DMSO-d_6)

Uzak mesafe etkileşimlerini gösteren HMBC spektrumu molekülün bağlantı noktalarını tespit etmek amacıyla kullanılmıştır. HMBC spektrumunda karbonil karbonu (C-7′; 170.79 ppm), 4.12 (H-6′) ve 2.00 ppm (H-8′) protonları ile uzak mesafe etkileşimine girmiştir. 140.95 ppm'deki karbon (C-5) 0.96 ppm'deki protonla (H-19), 77.21'deki karbon atomu (C-5′) ise 4.12 ppm'deki protonlar (H-6′) ile uzak mesafe etkileşimine girmiştir (Şekil 4.54).

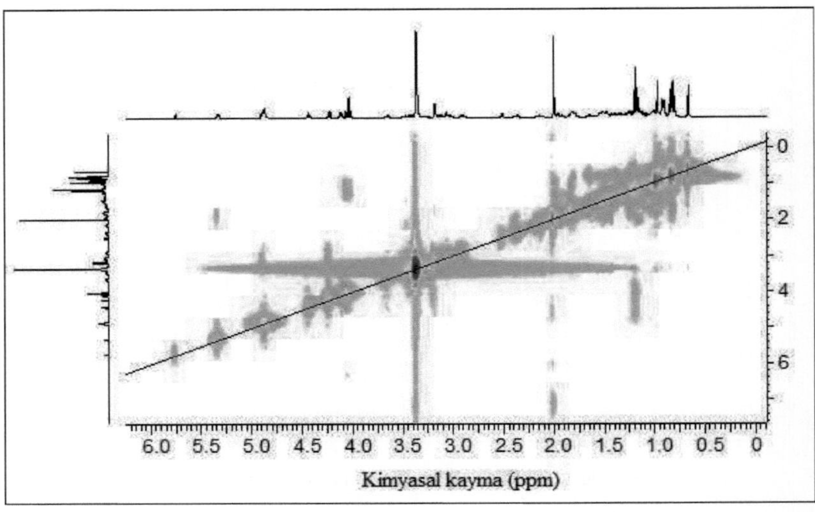

Şekil 4.55. (19) bileşiğinin COSY spektrumu (400 MHz, DMSO-d_6)

19 bileşiğine ait COSY spektrumunda etkileşmelerin üst üste gelmesi nedeniyle proton-proton etkileşmelerinin çoğu tespit edilememiştir. Bunun dışında spektrumdan H-29 ve H-28 protonlarının (0.65-1.44 ppm), H-1″ ve H-2″ protonlarının (4.04-1.18 ppm) etkileştiği tespit edilmiştir (Şekil 4.55).

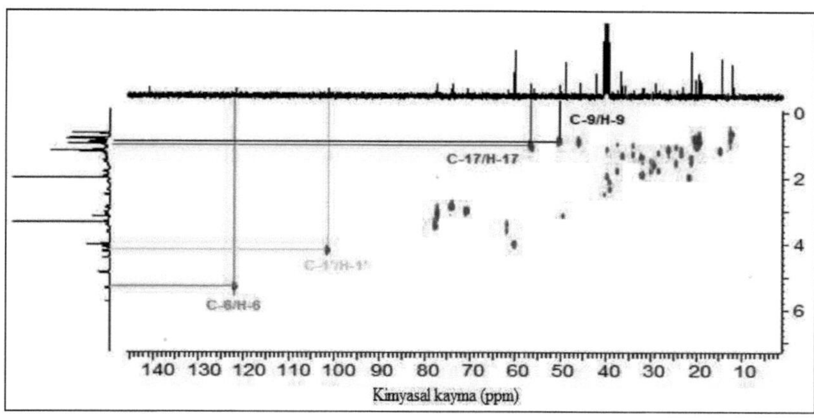

Şekil 4.56. (19) bileşiğinin HETCOR spektrumu (400 MHz, DMSO-d_6)

19 bileşiğinin HETCOR spektrumunda bileşikteki proton karbon eşleşmeleri tespit edilmektedir. C-6 karbonu (121.65 ppm) 5.30 ppm'deki protonla (H-6), 101.30 ppm'deki anomerik karbon (C-1′) 4.16 ppm (H-1′) ile, 70.60 ppm'deki şeker karbonu (C-4′) 3.05 ppm'deki protonla (H-4′) korele olmaktadır (Şekil 4.56). 61.60 ppm'deki metilen karbonu (C-6′) 4.12 ppm'deki protonla (H-6′) etkileşirken, 60.21 'deki metilen karbonu (C-1″) 4.04 ppm'deki protonla (H-1″) etkileşmektedir. Bileşiğin HETCOR spektrumundaki etkileşimlerden yararlanılarak Çizelge 4.17. oluşturulmuştur.

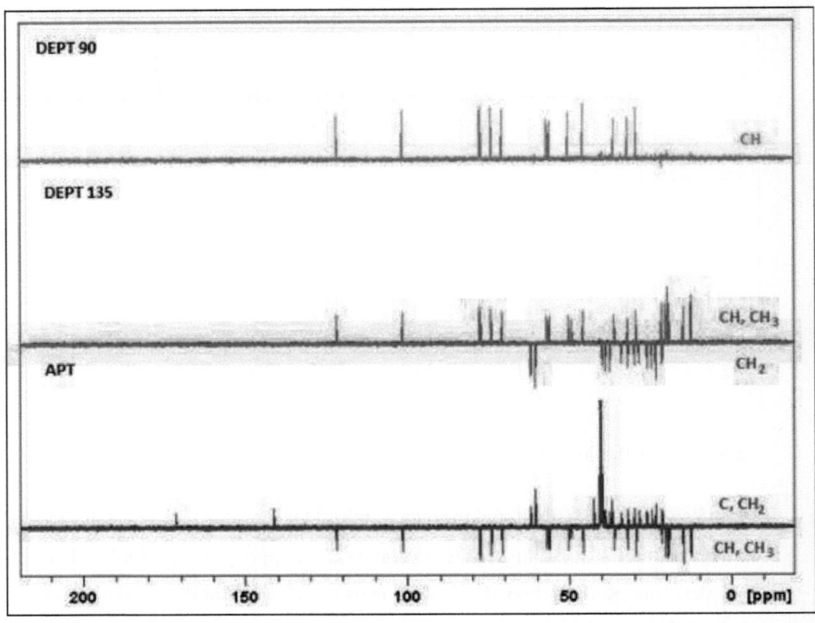

Şekil 4.57. (19) bileşiğinin APT, DEPT-90 ve DEPT-135 spektrumları (100 MHz, DMSO-d_6)

19 bileşiğine ait APT, DEPT-90 ve DEPT-135 spektrumları (Şekil 4.57) incelendiğinde yapıda 39 tane karbon atomu olduğu görülmektedir. 39 karbondan 4 tanesi kuaterner karbon DEPT-90 ve DEPT-135 spektrumlarında sinyal vermeyen karbonlardır. 13 tanesi metilen karbonu DEPT-135 spektrumunda negatif sinyal, 14 tanesi metin karbonu DEPT-90 spektrumunda pozitif sinyal, 8 tanesi metil karbonu DEPT-90'da sinyal vermezken DEPT-135'te pozitif ve APT'de negatif sinyal vermiştir. Bu verilere göre bileşiğin kapalı formülü $C_{39}H_{65}O_7$ olarak belirlenmiştir.

4.15. Daucosterin (20) Bileşiğinin Fiziksel ve Spektral Özellikleri

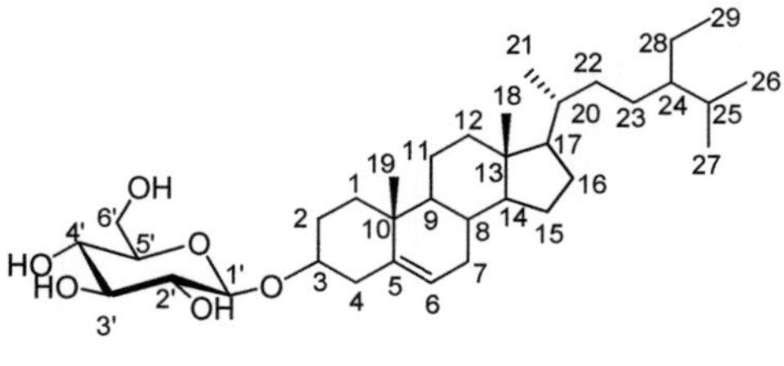

Şekil 4.58. Daucosterin bileşiğinin yapısı

Daucosterin bileşiği, yaprak için yapılan kolon kromatografisinden %100 EtOAc çözücü sisteminden 15 mg olarak izole edildi (J5. Fraksiyon). Bileşiğin erime noktası 273-275°C olarak belirlendi. Daucosterin bileşiğinin erime noktası literatürde 275-277°C (Moghaddam ve ark., 2007), 280-283°C (Matsuda ve ark., 2006), 288-289°C (Wang ve ark., 2007) olarak bulunmuştur. Beyaz renkli daucosterin kristalinin kapalı formülü $C_{35}H_{60}O_6$ olup molekül ağırlığı 576 g/mol'dür. Daucosterin molekülü bilinen bir bileşik olup elde edilen veriler literatür (Catalan ve ark., 1983; Moghaddam ve ark., 2007; Wang ve ark., 2007) ile uyum içindedir.

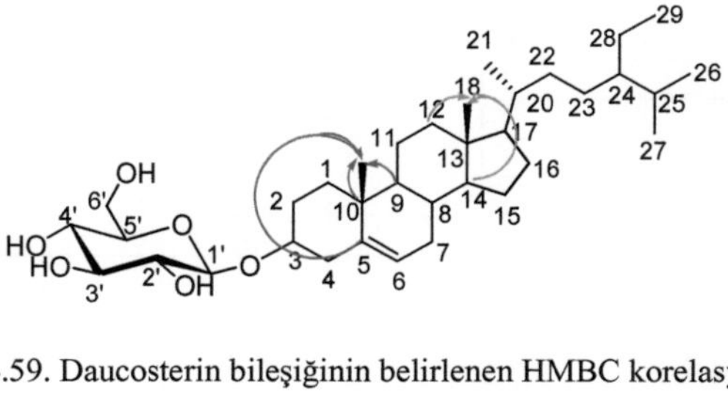

Şekil 4.59. Daucosterin bileşiğinin belirlenen HMBC korelasyonları

Çizelge 4.18. Daucosterin bileşiğinin ^{1}H-NMR ve ^{13}C-NMR kimyasal kayma değerleri (400 MHz, DMSO-d_6)

C/H	DEPT, APT	δ_C (ppm)	δ_H (ppm)
1	CH_2	37.32	1.76
2	CH_2	31.85	1.90
3	CH	77.21	3.12
4	CH_2	39.49	
5	C	140.96	-
6	CH	121.67	5.35
7	CH_2	24.34	1.87
8	CH	33.86	1.55
9	CH	50.10	0.81
10	C	36.70	-
11	CH_2	20.18	0.70
12	CH_2	40.71	
13	C	42.35	-
14	CH	56.67	0.98
15	CH_2	23.11	1.22
16	CH_2	28.25	1.22
17	CH	55.93	1.08
18	CH_3	12.26	0.65
19	CH_3	19.43	0.81
20	CH	35.95	1.27
21	CH_3	19.32	0.73
22	CH_2	38.81	2.33
23	CH_2	25.99	1.14
24	CH	45.66	0.92
25	CH	29.24	1.60
26	CH_3	19.57	0.95
27	CH_3	19.10	0.92
28	CH_2	21.07	1.52
29	CH_3	12.15	0.80
1′	CH	101.29	4.24 (d, J=7.77 Hz)
2′	CH	73.97	2.93
3′	CH	77.45	3.46 (m)
4′	CH	70.64	3.03
5′	CH	77.26	3.12
6′	CH_2	61.62	3.63

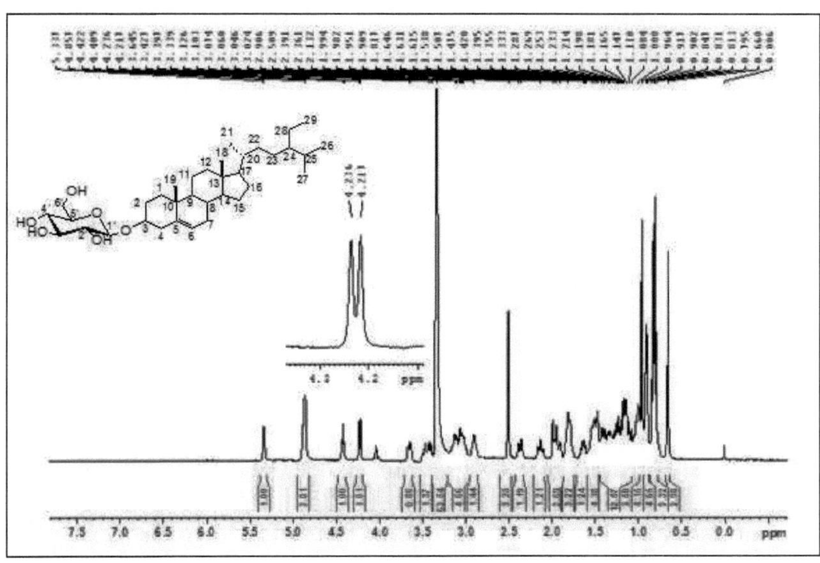

Şekil 4.60. Daucosterin bileşiğinin ^{1}H-NMR spektrumu (400 MHz, DMSO-d_6)

H-3′ protonu 3.46 ppm'de multiplet olarak rezonans olurken, H-1′ protonu 4.24 ppm'de dublet (J=7.77 Hz) olarak rezonans olmuştur. Spektrumun 1.0-2.5 ppm aralığında geniş metilen bantları görülmektedir (Şekil 4.60).

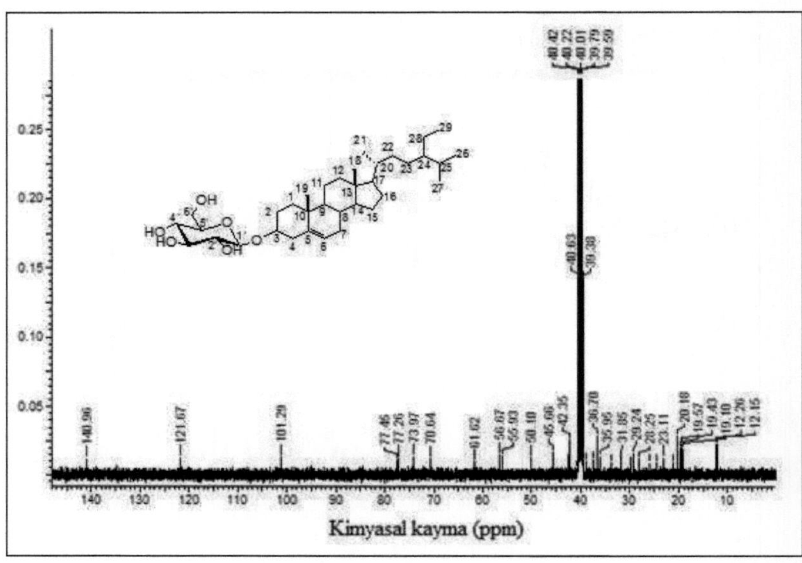

Şekil 4.61. Daucosterin bileşiğinin ^{13}C-NMR spektrumu (100 MHz DMSO-d_6)

Daucosterin bileşiğine ait ^{13}C NMR spektrumundan yapıda 35 karbon atomu olduğu belirlenmiştir (Şekil 4.61). Bu karbonlardan 12 tanesi metilen, 14 tanesi metin, 6 tanesi metil ve 3 tanesi kuaterner karbon atomuna aittir.

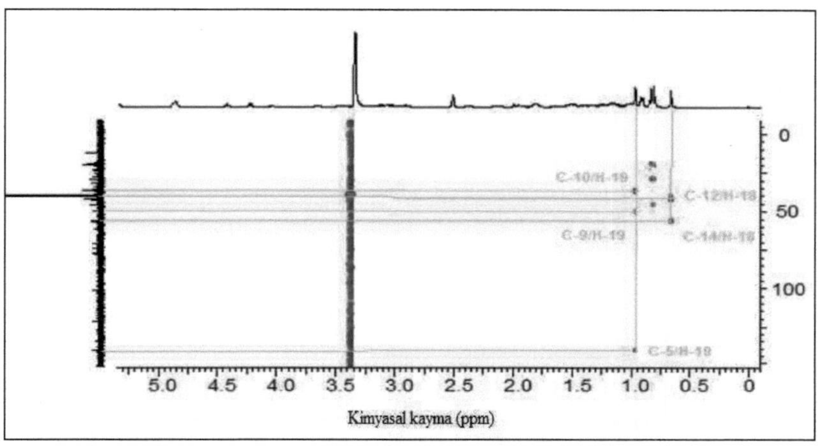

Şekil 4.62. Daucosterin bileşiğinin HMBC spektrumu (400 MHz, DMSO-d_6)

Daucosterin bileşiğinin HMBC spektrumu incelendiğinde 140.96 ppm'deki (C-5), 50.10 ppm'deki (C-9) ve 36.70 ppm'deki (C-10) karbonların 0.93 ppm'deki protonla (H-19) uzak mesafe etkileşimine girdiği görülmektedir. 56.67 (C-14) ve 40.72 (C-12) ppm'de rezonans olan karbonlar ise H-18 protonu (0.66 ppm) 3 bağ üzerinden uzak mesafe etkileşimine girmiştir (Şekil 4.62).

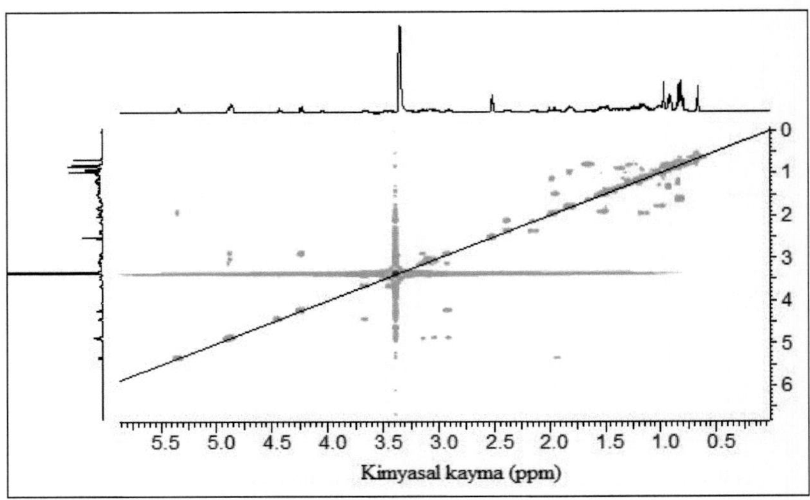

Şekil 4.63. Daucosterin bileşiğinin COSY spektrumu (400 MHz, DMSO-d_6)

Bileşiğin COSY spektrumundan 4.24'deki protonun (H-1′) 2.93 ppm'deki protonla (H-2′), 5.35'deki protonun (H-6) 1.87 ppm'deki protonla (H-7) etkileştiği görülmektedir (Şekil 4.63).

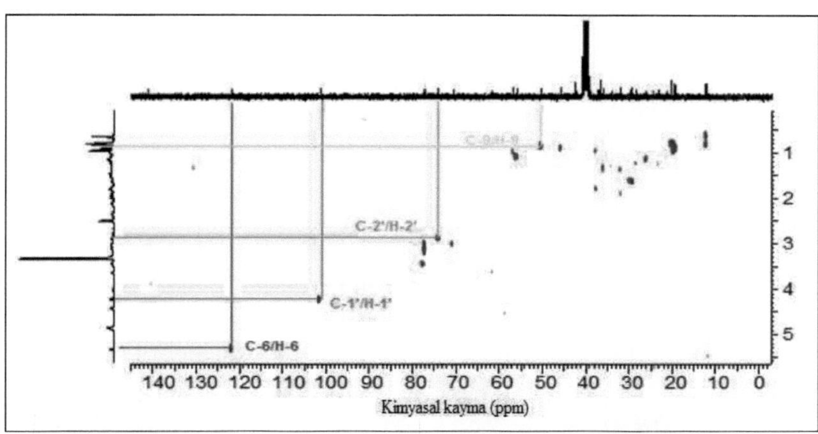

Şekil 4.64. Daucosterin bileşiğinin HETCOR spektrumu (400 MHz, DMSO-d_6)

Bileşiğin HETCOR spektrumundan (Şekil 4.64) elde edilen karbon-proton etkileşmeleri çizelge 4.18'de verilmiştir. Buna göre 121.67'deki çift bağ karbonu (C-6) 5.35 ppm (H-6) ile etkileşirken, anomerik karbon (C-1′; 101.29 ppm) 4.24 ppm'deki protonla (H-1′), 77.21 ppm'deki karbon (C-3) 3.12 ppm'deki protonla (H-3) doğrudan etkileşmektedir.

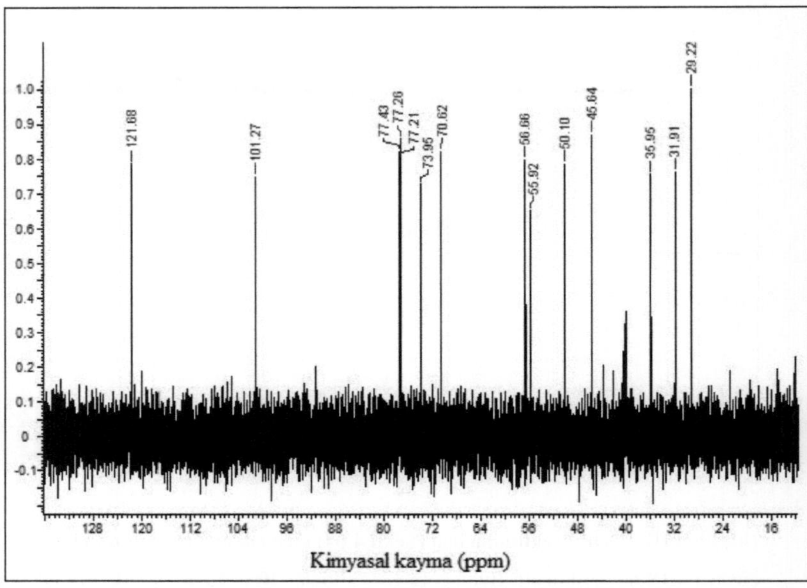

Şekil 4.65. Daucosterin bileşiğinin DEPT-90 spektrumu (100 MHz, DMSO-d_6)

Şekil 4.65'den **20** bileşiğinin yapısında 14 tane metin karbonu olduğu belirlenmiştir. Bu da daucosterin molekülünün yapısı ile uyum içindedir.

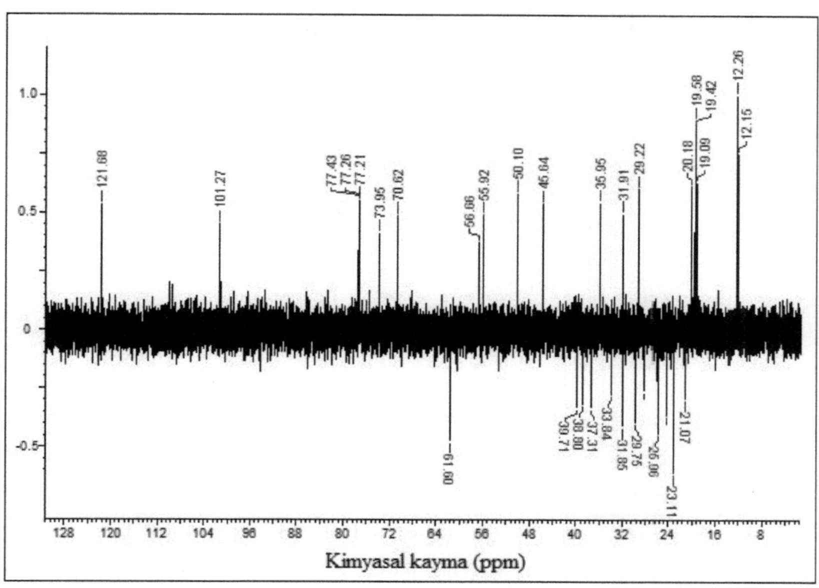

Şekil 4.66. Daucosterin bileşiğinin DEPT-135 spektrumu (100 MHz, DMSO-d_6)

DEPT-135 spektrumunda (Şekil 4.66) pozitif sinyaller metin ve metil karbonlarını gösterirken negatif sinyaller metilen karbonlarını göstermektedir. Böylece yapıda 6 metil, 12 metilen karbonu olduğu belirlenmiştir. ^{13}C-NMR spektrumundan da yararlanılarak bileşiğin 3 kuaterner karbon atomuna sahip olduğu tespit edilmiştir.

4.16. D-pinitol (21) Bileşiğinin Fiziksel ve Spektral Özellikleri

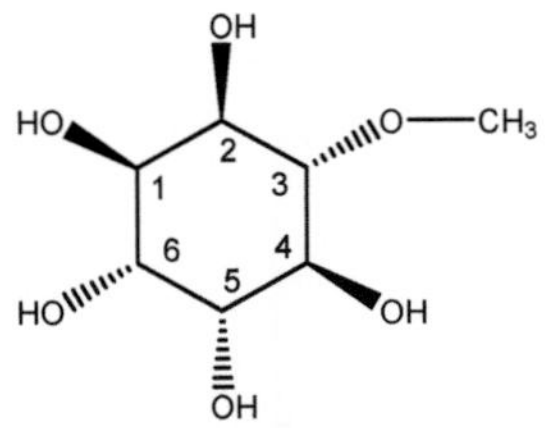

Şekil 4.67. D-Pinitol (3-O-Methyl-D-chiro-inositol) bileşiğinin yapısı

D-Pinitol bileşiği fraksiyonlandırma işlemi ile elde edilen *C. cilicica* yaprağından (A2 kolon kromatografisi) K3 fraksiyonundan %50EtOAc-%50MeOH çözücü sisteminden izole edildi (1803 mg). Bileşik beyaz renkli ve amorf toz şeklindedir. Bileşiğin erime noktası 185-186°C olup, $C_7H_{14}O_6$ kapalı formülüne sahiptir. Molekül ağırlığı 194 olarak hesaplanmıştır. Literatürde D-pinitolün erime noktası 184-186°C olarak bulunmuştur (Blanco ve ark., 2008).

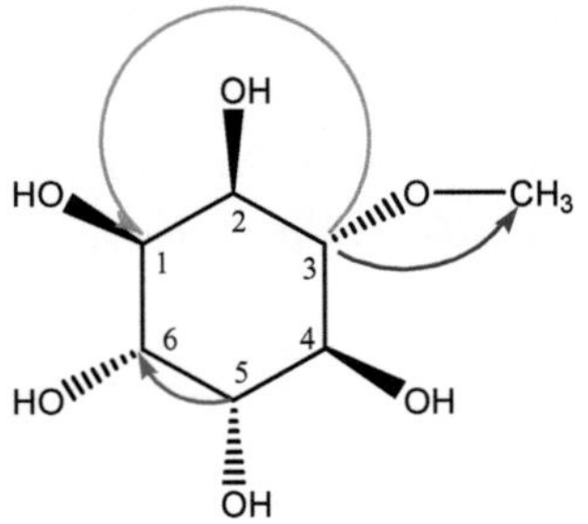

Şekil 4.68. D-Pinitol bileşiğinin belirlenen HMBC korelasyonları

D-Pinitol bileşiğine ait karbon ve proton kayma değerleri (Çizelge 4.19) literatürde verilen değerlerle uyum sağlamaktadır (Blanco ve ark., 2008; Misra ve Sidriqi, 2004).

Çizelge 4.19. D-Pinitol bileşiğinin ^{1}H-NMR ve ^{13}C-NMR kimyasal kayma değerleri (400 MHz DMSO-d_6)

C/H	DEPT, APT	δc (ppm)	δ_H (ppm)
1	CH	71.38	3.44, m
2	CH	73.04	3.35
3	CH	84.21	3.01, (t, *J*=9.04 Hz)
4	CH	70.53	3.50, m
5	CH	72.40	3.63, m
6	CH	72.85	3.62, m
OCH_3	CH_3	60.07	3.43, s

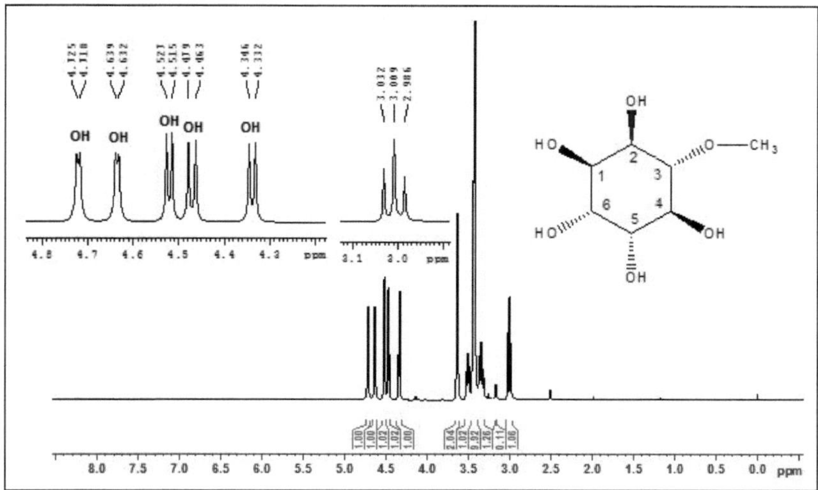

Şekil 4.69. D-Pinitol bileşiğinin ^{1}H-NMR spektrumu (400 MHz, DMSO-d_6)

D-pinitol bileşiğinin ^{1}H-NMR spektrumundan,–OH protonlarının 4.3-4.8 arasında; H-3 protonunun 3.01'de triplet (*J*=9.04 Hz), H-4 protonunun 3.50 ppm'de multiplet olarak rezonans olmuştur. H-5 ve H-6 protonları 3.63 ve 3.62 ppm'de sinyal verirken, –OCH_3 protonları ise 3.43 ppm'de singlet olarak sinyal vermiştir (Şekil 4.69).

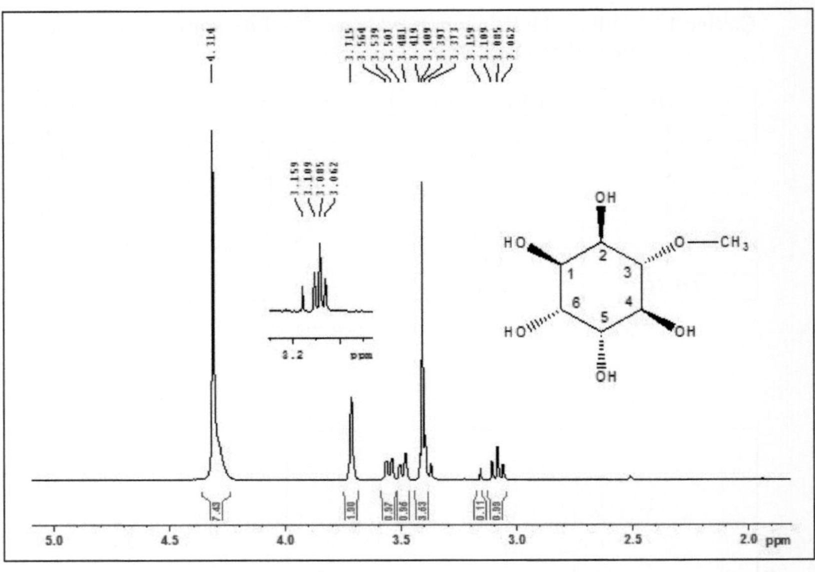

Şekil 4.70. D-Pinitol bileşiğinin ^{1}H-NMR spektrumu-D_2O damlatılmış (400 MHz DMSO-d_6)

D-Pinitol bileşiğine D_2O damlatılıp ^{1}H-NMR spektrumu alındığında (Şekil 4.70) 4.3-4.8 ppm arasında gözlenen –OH protonlarına ait sinyallerin ortadan kalktığı, diğer protonlara ait sinyallerin ise bir miktar aşağı alana kaydığı gözlenmiştir.

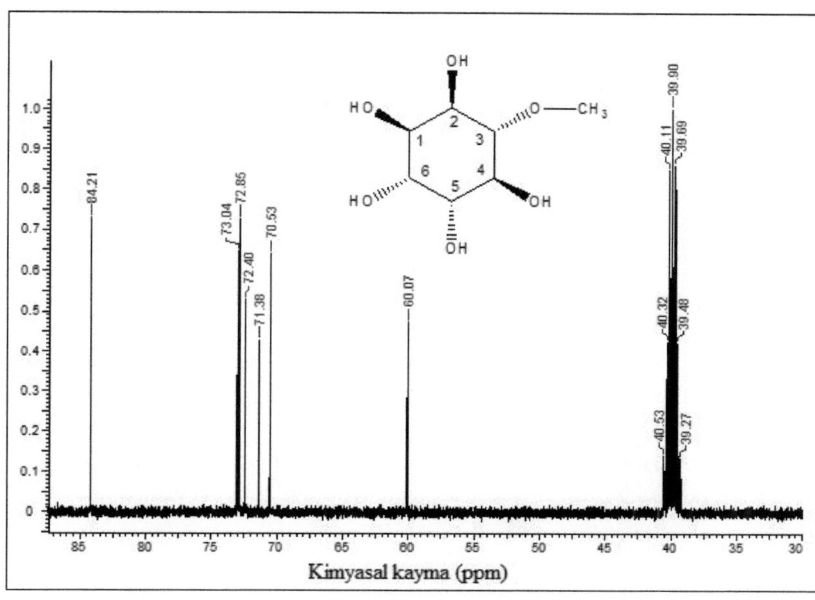

Şekil 4.71. D-Pinitol bileşiğinin ^{13}C-NMR spektrumu (100 MHz, DMSO-d_6)

D-Pinitol bileşiğinin ^{13}C-NMR spektrumundan yapıda 7 tane karbon atomu olduğu görülmektedir (Şekil 4.71). Bu karbonlardan 6 tanesi metin, 1 tanesi metil karbonuna aittir.

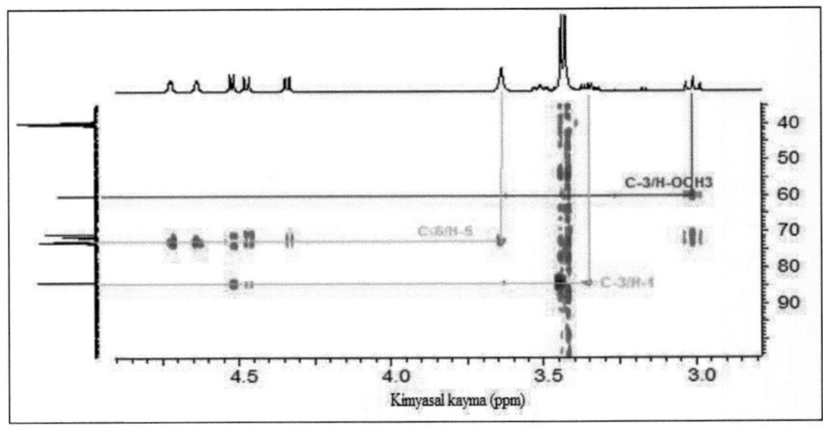

Şekil 4.72. D-Pinitol bileşiğinin HMBC spektrumu (400 MHz, DMSO-d_6)

D-Pinitol bileşiğine ait uzak mesafe etkileşmelerinin belirlendiği HMBC spektrumundan (Şekil 4.72), H-3 protonunun (3.01 ppm) –OCH_3 karbonu (60.07 ppm) ile, H-5 protonunun (3.63 ppm) C-6 karbonu (72.85 ppm) ile, C-3 karbonunun (84.21 ppm) H-1 protonu (3.44 ppm) ile uzak mesafe etkileşimine girdiği görülmektedir.

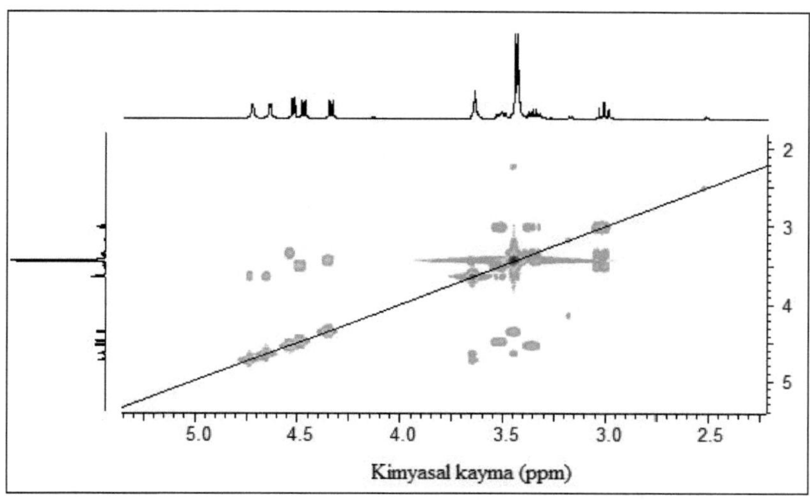

Şekil 4.73. D-Pinitol bileşiğinin COSY spektrumu (400 MHz, DMSO-d_6)

Proton-proton etkileşmelerinin belirlendiği COSY spektrumundan, δ 3.35'deki H-2 protonunun δ 3.01'deki H-3 protonu ile, δ 3.01'deki H-3 protonunun δ 3.50'deki H-4 protonu ile, δ 3.63'deki H-5 protonunun δ 3.50'deki H-4 protonu ile etkileşmesi görülmektedir (Şekil 4.73).

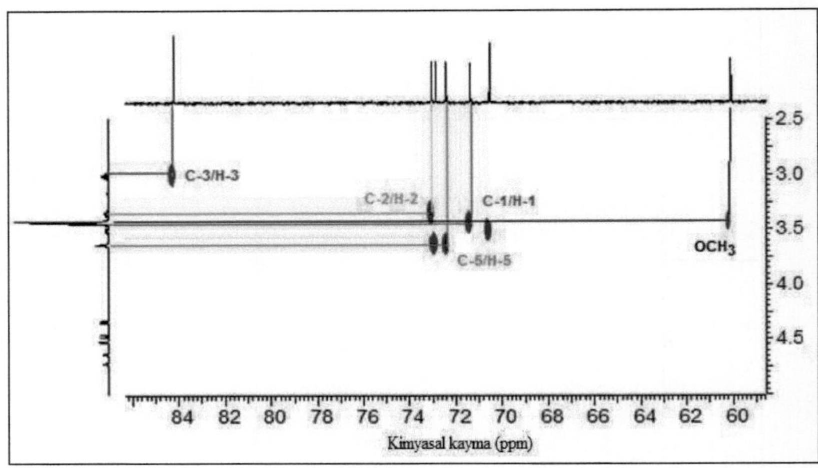

Şekil 4.74. D-Pinitol bileşiğinin HETCOR spektrumu (100 MHz, DMSO-d_6)

D-Pinitol bileşiğinin HETCOR spektrumundan, bileşikteki proton-karbon eşleşmeleri tespit edilmiştir. Metoksi karbonunun (60.06 ppm) 3.43 ppm'deki protonla (H-6'), C-1 (84.26 ppm) karbonunun 3.01 ppm'deki protonla (H-1) korele olduğu görülmektedir (Şekil 4.74). C-2, C-3 ve C-4 karbonlarının (72.81, 72.96 ve 70.44 ppm) sırasıyla 3.62 (H-2), 3.34 (H-3) ve 3.50'deki (H-4) protonlarla etkileştiği tespit edildi.

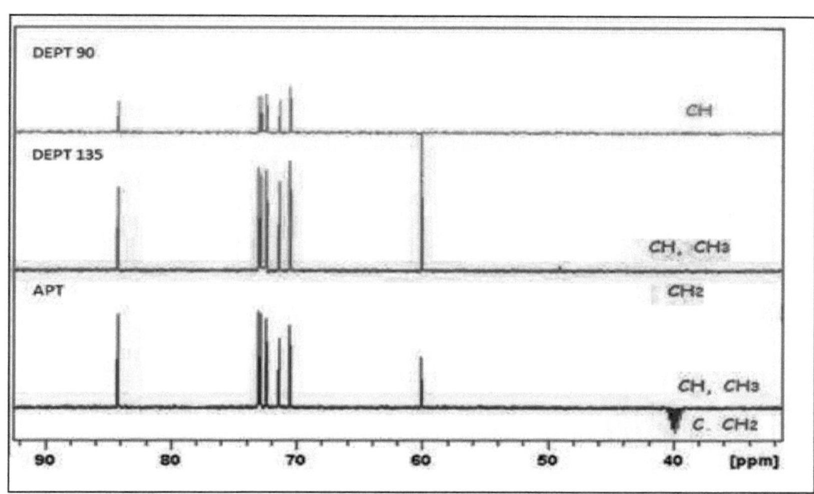

Şekil 4.75. D-pinitol bileşiğinin APT, DEPT-90, DEPT-135 spektrumları (100 MHz DMSO-d_6)

D-Pinitol bileşiğinin APT, DEPT-90 ve DEPT-135 spektrumları (Şekil 4.75) incelendiğinde, yapıda 7 tane karbon atomu olduğu görülmektedir. DEPT-90 spektrumundan 7 karbon atomundan 6 tanesinin metin karbonu; 60.06 ppm'deki karbonun ise DEPT-135 ve APT spektrumlarından metoksi grubunda bulunan metil karbonuna ait olduğu görülmektedir.

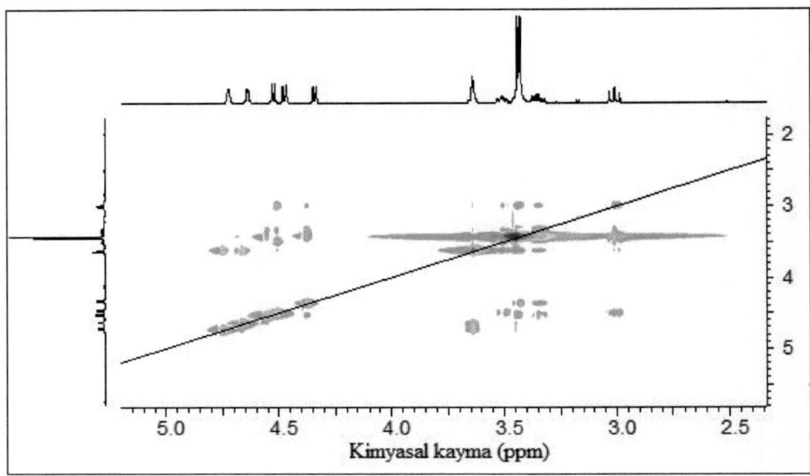

Şekil 4.76. D-pinitol bileşiğinin TOCSY spektrumu

Her iki eksende de proton spektrumunu içeren ve çapraz kesişim noktalarında 5 bağa kadar kesintisiz proton ağındaki protonların birbirleri ile etkileşimlerini veren TOCSY spektrumundan H-6, H-1, H-2, H-3 ve H-4 ve protonlarının kesintisiz olarak birbirine bağlandığı tespit edilmiştir (Şekil 4.76).

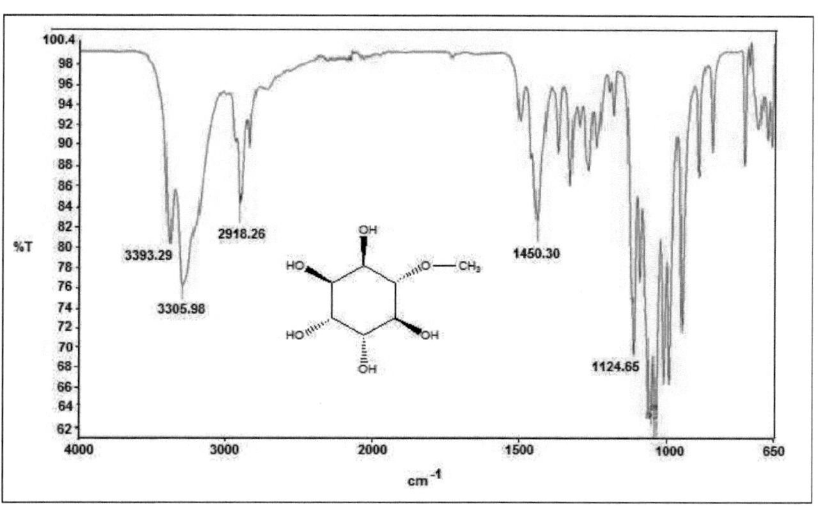

Şekil 4.77. D-pinitol bileşiğinin FT-IR spektrumu (KBr)

FT-IR : υ=3393, 3305 (OH gerilimi), 2918 (CH), 1124 (C-O gerilimleri) cm^{-1}

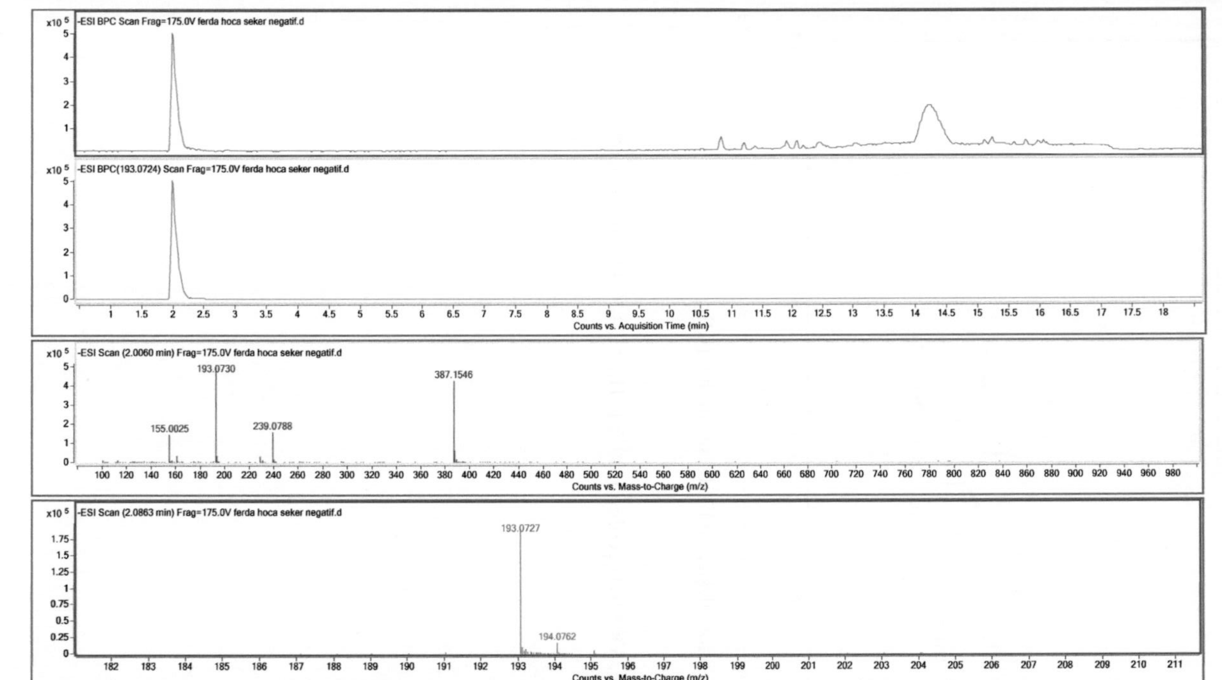

Şekil 4.78. D-Pinitol bileşiğinin HPLC-TOF kromatogramı

Negatif modda verilen D-Pinitol bileşiğine ait HPLC-TOF kromatogramından (Şekil 4.78) elde edilen molekül ağırlığı (193.0727) yapı ile uyum sağlamaktadır.

4.17. İzole Edilen Diğer Bileşikler

A1 (gövde) kolon sisteminden **14**, **15**, **16** ve **17** bileşikleri dışında **18** bileşiği (3 mg); A2 (yaprak) kolon kromatografisinden **19**, **20**, **21** bileşikleri dışında **22** (5 mg), **23** (68 mg) ve **24** (33 mg) bileşikleri izole edilmiştir. Bileşiklerin yapıları, 1D, 2D NMR ve GC-MS ile belirlenmiştir. İzole edilen bileşikler ve bileşiklere ilişkin spektrumlar Ekler bölümünde verilmiştir.

4.18. Gövde, yaprak, tohum ve çiçekteki sabit yağ analiz sonuçları

Çizelge 4.20. Gövde, yaprak, tohum ve çiçekteki sabit yağ asitleri

RT	Bileşen	gövde	yaprak	tohum	çiçek
Doymuş yağ asitleri					
2.791	C4:0;Butirik asit	8.15	10.04	7.97	4.37
4.156	C6:0;Kaprolik asit	0.89	0.35		
6.209	C8:0;Kaprilik asit	5.75	0.49		3.64
7.354	C10:0;Kaprik asit				15.49
10.065	C12:0;Laurik asit	3.13	18.39	5.59	8.52
11.440	C13:0;Tridekanoik asit				0.79
11.741	C14:0;Miristik asit	22.79	16.67		
14.330	C15:0;Pentadekanoik asit	1.01			
17.693	C16:0;Palmitik asit	45.76	43.42		
21.637	C17:0;Heptadekanoik asit	0.49			
24.520	C18:0;Stearik asit	2.06	6.17	3.58	5.72
27.840	C20:0;Arasidik asit			44.99	
43.652	C22:0;Behenik asit	0.07			
	Toplam	**90.09**	**95.52**	**62.12**	**38.53**
Doymamış yağ asitleri					
14.048	C14:1;Miristoleik asit				3.83
24.800	C18:1n9c;Oleik asit		4.47	8.27	57.64
26.072	C18:2n6t;Linolelaidik asit	9.53			
27.548	C18:3n3;Linolenik asit			29.60	
44.047	C203n6;Eicosa 8,11,14-trienoik asit	0.39			
	Toplam	**9.92**	**4.47**	**37.87**	**61.47**
	Toplam yağ asidi	**100.00**	**100.00**	**100.00**	**100.00**

Gövde (A1), yaprak (A2), tohum (A3) ve çiçek (A4) fraksiyonlarının yüzde yağ miktarları; gövdede %0.26, yaprakta %1.24, tohumda %16.67 ve çiçekte%2.89 olarak elde edilmiştir.

Çizelge 4.20 incelendiğinde bitkinin gövde ve yaprak kısmındaki en fazla bulunan yağ asidinin palmitik asit (%45,76 ve %43,42), tohumdaki ana bileşenin araşidik asit (%44,99) ve çiçekteki ana bileşenin ise oleik asit (%57,64) olduğu tespit edilmiştir.

4.19. İzole Edilen Bileşiklerin Antioksidan Aktivite Test Sonuçları

4.19.1. Gövdeden İzole Edilen Bileşiklerin Serbest Radikal Giderme Aktivitesi Sonuçları

Çizelge 4.21. Gövdeden izole edilen bileşiklerin DPPH testi için istatiksel analiz sonuçları ($p<0.01$)

Gruplar	Tekrar (N)	10 µg/mL x ± (SS)	20 µg/mL x ± (SS)	40 µg/mL x ± (SS)	80 µg/mL x ± (SS)
14	3	25.67±4.16[d]	31.67±2.08[c]	41.67±1.15[c]	60.67±2.31[c]
15	3	1.33±0.58[e]	1.33±0.58[d]	1.33±0.58[d]	1.33±0.58[d]
16	3	1.33±0.58[e]	1.33±0.58[d]	1.33±0.58[d]	3.33±0.58[d]
17	3	1.33±0.58[e]	1.33±0.58[d]	1.33±0.58[d]	1.33±0.58[d]
BHT	3	43.00±6.00[c]	61.67±1.53[b]	77.33±0.58[b]	87.67±0.58[b]
BHA	3	83.33±3.05[a]	89.67±0.58[a]	90.33±0.58[a]	90.33±0.58[a]
α-tok	3	60.67±11.67[b]	89.00±1.00[a]	89.00±1.73[a]	89.67±0.58[ab]

Varyans analizi sonuçlarına (Çizelge 4.21) göre tüm konsantrasyonlarda gruplar arası farklılık önemli bulunmuştur ($p<0.01$).

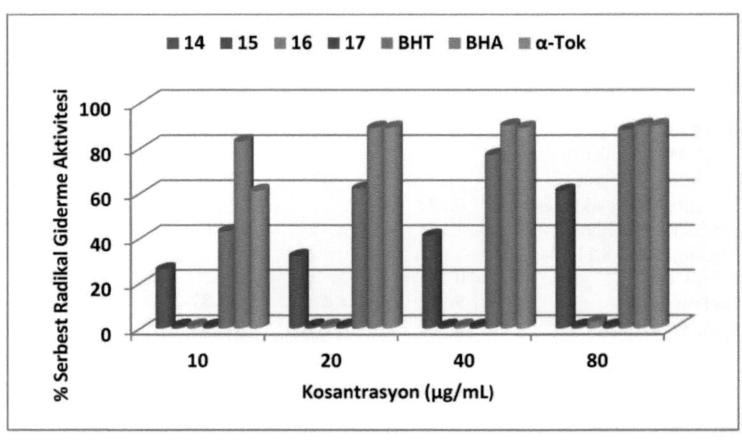

Şekil 4.79. Gövdeden izole edilen bileşiklerin % serbest radikal giderme aktiviteleri

Gövdeden izole edilen **15**, **16** ve **17** moleküllerinin DPPH radikallerini giderme aktivitesi göstermediği; β-sitosterol **(14)** bileşiğinin ise konsantrasyon artışıyla doğru orantılı olarak serbest radikal giderme aktivitesinin de arttığı ancak standartlardan daha düşük olduğu belirlenmiştir (Şekil 4.79). 80 µg/mL konsantrasyonda serbest radikal giderme aktivitesi BHA>α-tok>BHT>**14**>**16**>**15**=**17** sıralamasında azalmaktadır.

4.19.2. Gövdeden İzole Edilen Bileşiklerin Total İndirgeme Kapasitesi Tayini Sonuçları

Çizelge 4.22. Gövdeden izole edilen bileşiklerin total indirgeme testi için istatistiksel analiz sonuçları ($p<0.01$)

Gruplar	Tekrar (N)	5 µg/mL için x ± (SS)	10 µg/mL için x ± (SS)	20 µg/mL için x ± (SS)	40 µg/mL için x ± (SS)
14	3	0.1639±0.0113^{cd}	0.2675±0.0044^{c}	0.4312±0.0172^{c}	0.7394±0.0208^{d}
15	3	0.1037±0.0197^{de}	0.1000±0.0061^{d}	0.1087±0.0205^{d}	0.1670±0.0036^{e}
16	3	0.0913±0.0137^{de}	0.0890±0.0079^{d}	0.1107±0.0136^{d}	0.1383±0.0065^{e}
17	3	0.0690±0.0102^{e}	0.0767±0.0050^{d}	0.0803±0.0105^{d}	0.0800±0.0150^{e}
BHT	3	0.6047±0.6035^{b}	1.0755±0.1572^{a}	1.4036±0.1361^{b}	1.7960±0.5886^{b}
BHA	3	0.6986±0.5569^{a}	1.1664±0.1025^{a}	1.7826±0.2798^{a}	2.6061±0.2945^{a}
α-tok	3	0.2132±0.1512^{c}	0.4167±0.4467^{b}	0.5201±0.7756^{c}	1.0222±0.3013^{c}

Total indirgeme test sonuçlarına göre kosantrasyon arttıkça absorbans da artmaktadır. Yüksek absorbans değeri yüksek indirgeme kapasitesini göstermektedir. Total indirgeme testi için yapılan istatistiksel analiz sonuçlarına göre 5 ve 40 µg/mLkonsantrasyonlarda elde edilen değerlerde gruplar arası farklılık anlamlı bulunmuştur ($p<0.01$) (Çizelge 4.22).

Çizelge 4.23. Gövdeden izole edilen bileşiklerin troloks eşdeğeri total indirgeme kapasiteleri

Numune	(µmol troloks eşdeğeri/g ekstre)
14	1058,2
15	101,0
16	52,5
17	*
α-tok	1531,1
BHT	2825,1
BHA	4179,8

* Hesaplanamadı

Gövdeden izole edilen moleküllerin total indirgeme kapasiteleri incelendiğinde **14** bileşiğinin diğer bileşiklerden oldukça fazla indirgeme kapasitesine sahip oduğu görülmektedir (Çizelge 4.23).

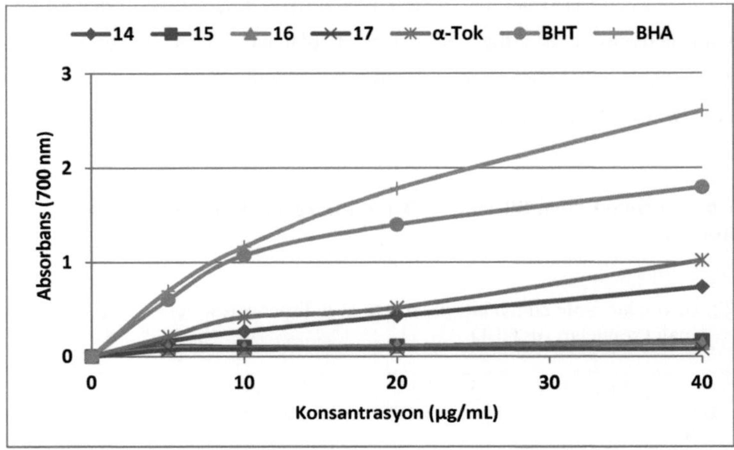

Şekil 4.80. Gövdeden izole edilen bileşiklerin total indirgeme gücü aktiviteleri

Şekil 4.80 incelendiğinde tüm numunelerin standartlardan daha düşük total indirgeme kapasitesine sahip olduğu görülmekle birlikte,**14** bileşiğinin α-tokoferole yakın aktivite gösterdiği belirlenmiştir. Total indirgeme kapasitesi BHA>BHT>α-tok>**14**>**15**>**16**>**17** sıralamasında azalmaktadır.

4.19.3. Gövdeden İzole Edilen Bileşiklerin Demir (II) İyonlarını Şelatlama Aktivitesi Sonuçları

Çizelge 4.24. Gövdeden izole edilen bileşiklerin metal şelatlama testi için istatistiksel analiz sonuçları (p<0.01)

Gruplar	Tekrar (N)	50 µg/mL x ± (SS)	100 µg/mL x ± (SS)	150 µg/mL x ± (SS)
14	3	22.24±0.88[b]	22.10±1.68[d]	21.56±0.55[d]
15	3	41.73±8.21[a]	32.40±3.42[c]	27.50±4.79[cd]
16	3	23.23±4.35[b]	41.92±4.85[b]	48.09±1.33[a]
17	3	18.35±8.11[b]	18.58±2.71[d]	14.44±4.86[e]
BHT	3	39.06±1.60[a]	41.96±1.74[b]	30.52±2.77[bc]
BHA	3	39.92±3.92[a]	49.96±2.68[a]	36.82±1.25[b]
α-tok	3	30.10±3.87[ab]	24.78±2.66[d]	48.50±1.45[a]

Gövdeden izole edilen moleküllerin ve standartların metal şelatlama testi için yapılan istatistiksel analiz sonuçlarına göre yapılan çoklu karşılaştırma testinde (Duncan) 100 ve 150 µg/mL konsantrasyonlardaki değerler bakımından gruplar arası farklılık önemli bulunmuştur ($p<0.01$) (Çizelge 4.24).

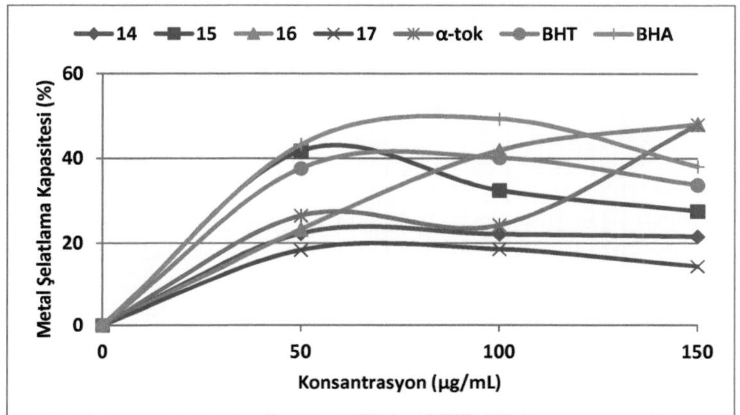

Şekil 4.81. Gövdeden izole edilen bileşiklerin metal şelatlama kapasiteleri

Demir (II) iyonlarını şelatlama aktivitesi sonuçlarına göre (Şekil 4.81) 150 µg/mL konsantrasyonda şelatlama kapasiteleri α-tok>**16**>BHA>BHT>**15**>**14**>**17** sıralamasında azalmaktadır. Askorbik asit, Fe^{3+} iyonlarını Fe^{2+} iyonlarına indirgeyerek, en reaktif radikallerden biri olan $OH^{\cdot}$ radikallerinin oluşumuna yol açan Fenton reaksiyonunu başlatır (Minotti ve Aust, 1987; Hsieh ve Hsieh, 2000). Oluşan $OH^{\cdot}$ radikalleri, lipid oksidasyon oranını artırırlar. Fenolik bileşikler ile şelat oluşturarak Fe^{3+}/Fe^{2+} indirgenmesinin maskelenmesi, lipozom sistemindeki peroksidasyon oranını azalttığı söylenebilir (Özgen ve ark., 2011). Bu bilgiler ışığında, literatürde bilinmeyen bir bileşik olan **16** molekülünün metal şelatlama kapasitesinin diğer bileşiklere nazaran yüksek çıkmasının, içeriğindeki fenolik gruptan kaynaklandığı söylenebilir. Genel olarak **16** bileşiğinin antioksidan aktiviteye sahip olmaması, demir iyonlarını şelatlama kapasitesinin, antioksidan aktivitede rol oynamadığını göstermektedir (Van Acker ve ark., 1998).

4.19.4. Gövdeden İzole Edilen Bileşiklerin Total Antioksidan Aktivite Tayini Sonuçları

Çizelge 4.25.Gövdeden izole edilen bileşiklerin total antioksidan aktiviteleri için istatistiksel analiz sonuçları ($p<0.01$)

	% İnhibisyon						
	6.saat	**12.saat**	**18.saat**	**24.saat**	**30.saat**	**36.saat**	**42.saat**
14	$19{,}40\pm4{,}07^{b}$	$29{,}41\pm4{,}67^{c}$	$30{,}21\pm1{,}20^{d}$	$33{,}83\pm8{,}07^{c}$	$42{,}25\pm5{,}65^{c}$	$43{,}44\pm4{,}63^{c}$	$58{,}11\pm1{,}83^{d}$
15	$8{,}25\pm4{,}68^{c}$	$17{,}32\pm2{,}47^{d}$	$34{,}88\pm4{,}45^{cd}$	$35{,}46\pm2{,}79^{c}$	$57{,}07\pm0{,}95^{b}$	$58{,}16\pm3{,}87^{b}$	$63{,}58\pm1{,}38^{cd}$
16	$28{,}59\pm3{,}61^{b}$	$37{,}30\pm1{,}70^{b}$	$42{,}81\pm3{,}19^{c}$	$50{,}23\pm2{,}17^{b}$	$61{,}74\pm0{,}77^{b}$	$63{,}71\pm1{,}84^{b}$	$66{,}06\pm0{,}53^{c}$
17	$2{,}69\pm0{,}71^{c}$	$15{,}85\pm1{,}86^{d}$	$18{,}11\pm2{,}62^{e}$	$27{,}65\pm2{,}53^{c}$	$32{,}09\pm0{,}26^{d}$	$37{,}74\pm2{,}60^{c}$	$40{,}63\pm0{,}63^{e}$
BHT	$39{,}55\pm4{,}02^{a}$	$63{,}43\pm2{,}11^{a}$	$87{,}42\pm2{,}88^{a}$	$85{,}57\pm2{,}39^{a}$	$91{,}18\pm5{,}09^{a}$	$89{,}93\pm1{,}71^{a}$	$92{,}65\pm2{,}27^{a}$
BHA	$42{,}87\pm4{,}64^{a}$	$61{,}55\pm2{,}64^{a}$	$88{,}56\pm2{,}05^{a}$	$85{,}01\pm1{,}51^{a}$	$91{,}34\pm2{,}04^{a}$	$90{,}80\pm1{,}14^{a}$	$92{,}06\pm0{,}80^{a}$
trolox	$27{,}44\pm1{,}77^{b}$	$58{,}72\pm5{,}03^{a}$	$71{,}89\pm8{,}82^{b}$	$78{,}88\pm3{,}54^{a}$	$91{,}99\pm2{,}95^{a}$	$86{,}63\pm3{,}98^{a}$	$86{,}55\pm4{,}86^{b}$

Yapılan çoklu karşılaştırma testinde (Duncan) gruplar arası farklılık anlamlı bulunmuştur (Çizelge 4.25).

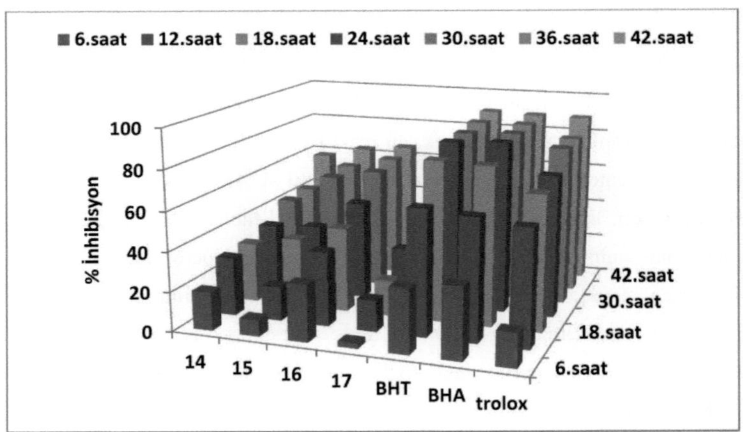

Şekil 4.82. Gövdeden izole edilen bileşiklerin total antioksidan aktiviteleri

Numunelerin zamana bağlı % inhibisyonları incelendiğinde artan inkübasyon süresi ile inhibisyonun doğru orantılı olduğu görülmektedir. Total antioksidan kapasiteleri 42 saatlik inkübasyon sonunda BHT>BHA>troloks>**16**>**15**>**14**>**17** sıralamasında azalmaktadır (Şekil 4.82).

4.19.5. Gövdeden İzole Edilen Bileşiklerin ABTS$^{\cdot+}$ Giderme Aktivitesi Tayini Sonuçları

Çizelge 4.26. Gövdeden izole edilen bileşiklerin ABTS$^{\cdot+}$ giderme aktivitesi için istatistiksel analiz sonuçları (p<0.01)

Gruplar	Tekrar (N)	10 µg/mL için x ± (SS)	20 µg/mL için x ± (SS)
14	3	40.07±336^{c}	83.26±3.60^{b}
15	3	26.93±1.16^{d}	24.60±2.51^{d}
16	3	18.39±0.62^{e}	18.18±4.17^{d}
17	3	24.05±0.79^{d}	21.21±2.98^{d}
BHT	3	61.90±1.02^{b}	71.14±1.25^{c}
BHA	3	72.91±2.47^{a}	96.39±1.25^{a}

Çoklu karşılaştırma test sonuçlarına göre gruplar arası farklılık anlamlı bulunmuştur (p<0.01). ABTS$^{\cdot+}$ radikal giderme test sonuçlarına göre, 20 µg/mL konsantrasyonda radikal giderme aktiviteleri BHA>**14**>BHT>**15**>**17**>**16** sıralamasında azalmaktadır (Şekil 4.83).

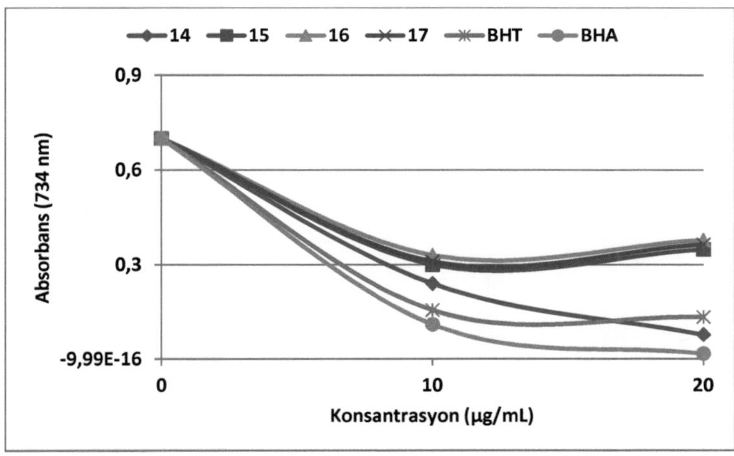

Şekil 4.83. Gövdeden izole edilen bileşiklerin ABTS$^{\cdot+}$giderme aktiviteleri

4.19.6. Yapraktan İzole Edilen Bileşiklerin Serbest Radikal Giderme Aktivitesi Sonuçları

Çizelge 4.27. Yapraktan izole edilen bileşiklerin DPPH testi için istatiksel analiz Sonuçları ($p<0.01$)

		10 µg/mL	20 µg/mL	40 µg/mL	80 µg/mL
Gruplar	Tekrar (N)	x ± (SS)	x ± (SS)	x ± (SS)	x ± (SS)
19	3	13.49±2.93[d]	11.57±1.17[c]	11.79±1.47[c]	12.08±0.38[b]
20	3	11.05±0.65[d]	12.85±1.19[c]	12.01±1.22[c]	12.56±1.87[b]
21	3	15.87±10.19[d]	12.74±6.51[c]	11.01±2.49[c]	12.40±1.48[b]
22	3	11.00±1.16[d]	12.53±0.62[c]	11.58±1.32[c]	7.68±3.40[c]
23	3	12.55±1.74[d]	7.93±1.71[c]	9.36±5.58[c]	3.04±0.58[d]
24	3	9.08±3.35[d]	8.11±0.62[c]	10.07±0.94[c]	9.45±1.03[bc]
BHT	3	41.80±6.21[c]	61.26±1.72[b]	77.09±0.74[b]	87.50±0.62[a]
BHA	3	83.20±3.36[a]	88.87±1.05[a]	89.83±0.65[a]	90.12±0.82[a]
α-tok	3	60.26±11.90[b]	88.65±0.10[a]	88.66±1.92[a]	89.86±0.53[a]

Yapraktan izole edilen moleküllerin hiçbiri serbest radikalleri gidermede dikkate değer bir aktivite göstermemiştir (Şekil 4.84). İstatistiksel analiz sonuçlarına göre ise test edilen gruplar arasında 10-40 µg/ml konsantrasyonlarda anlamlı fark görülmezken, 80 µg/mL için fark anlamlı bulunmuştur ($p<0.01$) (Çizelge 4.27).

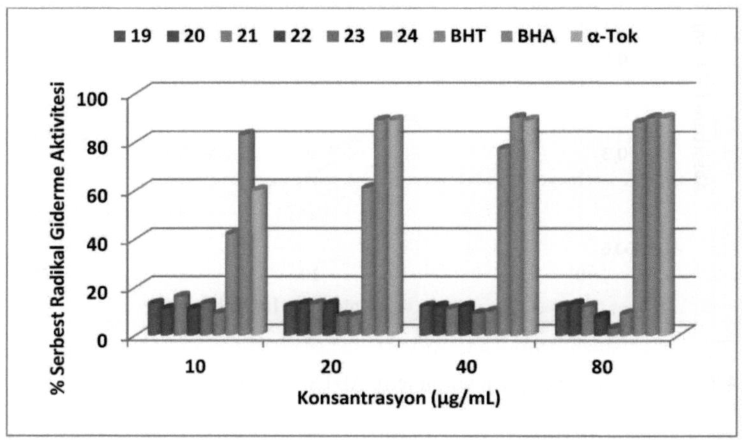

Şekil 4.84. Yapraktan izole edilen bileşiklerin serbest radikal giderme aktiviteleri

4.19.7. Yapraktan İzole Edilen Bileşiklerin Total İndirgeme Kapasitesi Tayini Sonuçları

Çizelge 4.28. Yapraktan izole edilen bileşiklerin total indirgeme kapasitesi için istatistiksel analiz sonuçları (p<0.01)

Gruplar	Tekrar (N)	5 µg/mL x ± (SS)	10 µg/mL x ± (SS)	20 µg/mL x ± (SS)	40 µg/mL x ± (SS)
19	3	0.0915±0.0034[c]	0.0965±0.0043[d]	0.1050±0.0103[c]	0.1330±0.0090[d]
20	3	0.0910±0.0013[c]	0.0950±0.0021[d]	0.1045±0.0097[c]	0.1326±0.0085[d]
21	3	0.0838±0.0099[c]	0.0792±0.0061[d]	0.0773±0.0044[c]	0.0826±0.0051[d]
22	3	0.0855±0.0085[c]	0.0898±0.0037[d]	0.1017±0.0019[c]	0.1638±0.0039[d]
23	3	0.0849±0.0046[b]	0.0844±0.0028[c]	0.0988±0.0049[b]	0.1349±0.0111[c]
24	3	0.0542±0.0123[c]	0.0718±0.0067[d]	0.0751±0.0020[c]	0.1013±0.0056[d]
BHT	3	0.6047±0.0151[c]	1.0755±0.0447[d]	1.4036±0.0776[c]	1.7960±0.0301[d]
BHA	3	0.6986±0.0604[c]	1.1664±0.0157[b]	1.7826±0.1361[b]	2.6061±0.0589[b]
α-tok	3	0.2132±0.0557[a]	0.4167±0.1025[a]	0.5201±0.2798[a]	1.0222±0.2945[a]

Moleküllerin total indirgeme aktiviteleri incelendiğinde, sonuçların serbest radikal giderme aktivitesi testi ile paralellik gösterdiği görülmektedir. Yapılan istatistiksel analiz testlerinde gruplar arası farklılık önemli bulunmamıştır (p<0.01) (Çizelge 4.28).

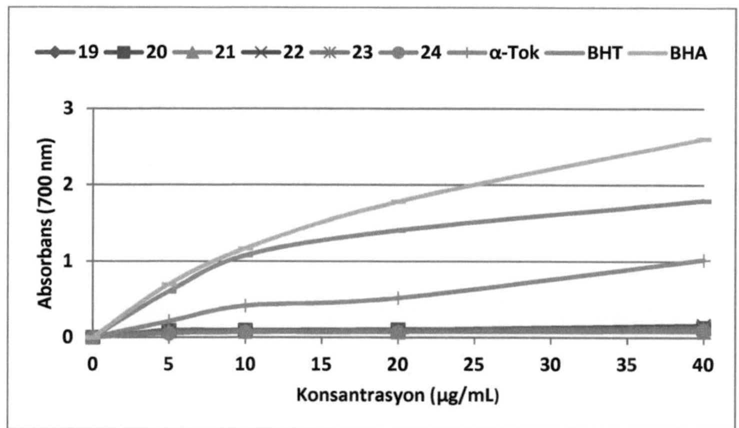

Şekil 4.85.Yapraktan izole edilen bileşiklerin total indirgeme gücü aktiviteleri

İzole moleküller, düşük absorbans değerleriyle düşük indirgeme kapasitesi göstermişlerdir (Şekil 4.85).

Çizelge 4.29. Yapraktan izole edilen bileşiklerin µmol troloks eşdeğeri total indirgeme kapasiteleri

Numune	(µmol troloks eşdeğeri/ g ekstre)
19	44,1
20	44,1
21	*
22	96,0
23	47,5
24	*
α-tok	1531,1
BHT	2825,1
BHA	4179,8

* Hesaplanamadı

4.19.8. Yapraktan İzole Edilen Bileşiklerin Demir (II) İyonlarını Şelatlama Aktivitesi Sonuçları

Çizelge 4.30.Yapraktan izole edilen bileşiklerin Demir (II) iyonlarını şelatlama aktivitesi için istatistiksel analiz sonuçları ($p<0.01$)

		50 µg/mL	**100 µg/mL**	**150 µg/mL**
Gruplar	**Tekrar (N)**	**x ± (SS)**	**x ± (SS)**	**x ± (SS)**
19	3	$18.89±2.65^{cd}$	$24.93±4.73^{cd}$	$24.97±2.20^{de}$
20	3	$18.91±1.23^{cd}$	$25.00±1.73^{cd}$	$24.99±2.45^{de}$
21	3	$15.40±0.63^{d}$	$18.44±2.23^{de}$	$17.96±2.45^{f}$
22	3	$13.56±2.79^{bc}$	$28.97±3.30^{c}$	$29.64±3.16^{cd}$
23	3	$24.99±5.86^{bc}$	$15.99±3.08^{e}$	$23.25±1.87^{e}$
24	3	$26.56±3.03^{bc}$	$23.91±3.21^{cd}$	$27.70±0.81^{cde}$
BHT	3	$39.06±1.60^{a}$	$41.96±1.74^{b}$	$30.52±2.77^{c}$
BHA	3	$39.92±3.92^{a}$	$49.96±2.68^{a}$	$36.82±1.25^{b}$
α-tok	3	$30.11±3.87^{b}$	$24.79±2.66^{cd}$	$48.50±1.45^{a}$

Metal şelatlama testi için test grupları arasındaki farklılık önemli bulunmuştur ($p<0.01$) (Çizelge 4.30).

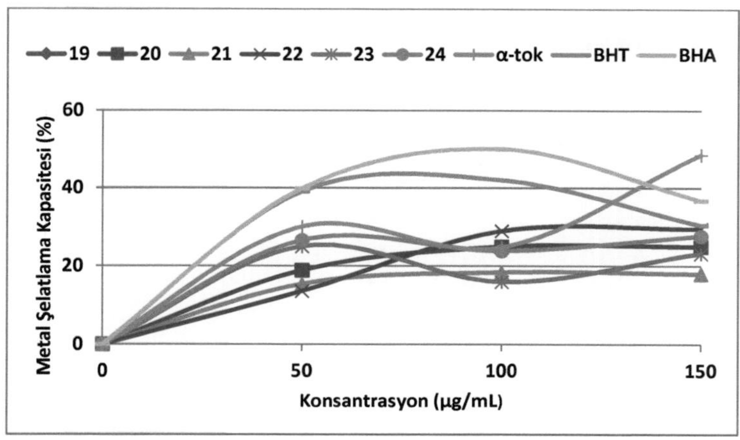

Şekil 4.86. Yapraktan izole edilen bileşiklerin metal şelatlama kapasiteleri

Moleküller ve standart maddelerin şelatlama kapasiteleri %50'nin altında bulunmuştur. İzole edilen moleküller içerisinde **22** bileşiği 100-150 µg/mL konsantrasyonlarda %30'a yakın aktivite göstermiştir (Şekil 4.86). 150 µg/mL konsantrasyonda metal şelatlama aktiviteleri α-tok>BHA>BHT>**22**>**24**>**20**>**19**>**23**>**21** sıralamasında azalmaktadır.

4.19.9. Yapraktan İzole Edilen Bileşiklerin Total Antioksidan Aktivite Tayini Sonuçları

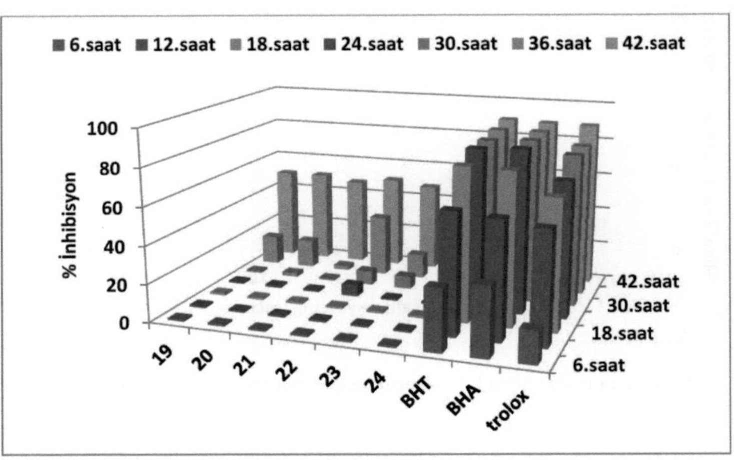

Şekil 4.87. Yapraktan izole edilen bileşiklerin total antioksidan aktiviteleri

Standart maddeler artan inkübasyon süresi ile inhibisyon artışı gösterirken, izole edilen moleküllerde bu etki görülmemiştir (Şekil 4.87).

4.19.10. Yapraktan İzole Edilen Bileşiklerin ABTS$^{\cdot+}$ Giderme Aktivitesi Tayini Sonuçları

Çizelge 4.31. Yapraktan izole edilen bileşiklerin ABTS$^{\cdot+}$ giderme aktivitesi için istatistiksel analiz sonuçları ($p<0.01$)

		10 µg/mL	20 µg/mL
Gruplar	Tekrar (N)	x ± (SS)	x ± (SS)
20	3	22.18±0.25^{c}	15.23±1.21^{c}
21	3	20.77±0.29^{c}	15.88±3.08^{c}
22	3	20.36±1.11^{c}	2.05±1.00^{d}
23	3	21.18±0.25^{c}	19.77±2.13^{c}
24	3	20.77±1.03^{c}	14.65±3.69^{c}
BHT	3	61.90±1.02^{b}	71.14±1.25^{b}
BHA	3	72.91±2.47^{a}	96.39±1.25^{a}

Yapılan çoklu karşılaştırma testinde (Duncan) 10 µg/mL konsantrasyonda ABTS$^{\cdot+}$ giderme aktivitesi bakımından bitki kısımlarından elde edilen veriler aynı grupta yer alırken standartlardan elde edilen veriler arasındaki fark anlamlı bulunmuştur (Çizelge 4.31) ($p<0.01$).

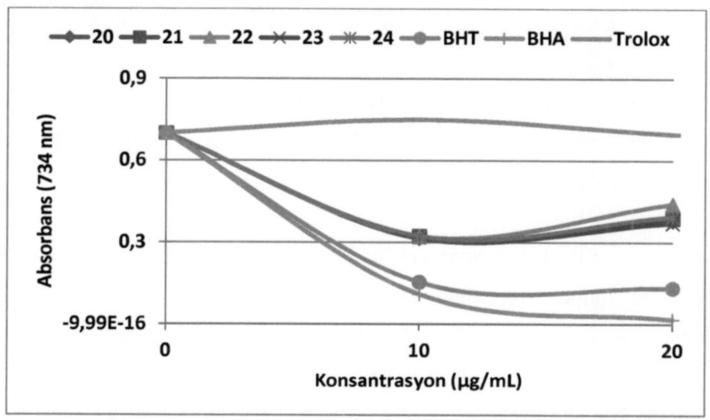

Şekil 4.88.Yapraktan izole edilen bileşiklerin ABTS$^{\cdot+}$ giderme aktiviteleri

Absorbans ile ABTS$^{\cdot+}$ giderme aktivitesinin ters orantılı olduğu testte pozitif kontrol olarak kullanılan BHT, BHA ve Troloksdan, BHT ve BHA yüksek aktivite gösterirken izole moleküller ve troloks düşük aktivite göstermiştir (Şekil 4.88).

5. Sonuç

Proje kapsamında Fabaceae familyasına ait *Colutea cilicica* türü üzerinde fitokimyasal ve biyolojik aktivite çalışmaları yapıldı. Bitki çeşitli organlarına (gövde, yaprak, tohum ve çiçek) ayrıldı. Elde edilen kısımların metanol ekstreleri hazırlandı veDPPH serbest radikal giderme aktivitesi, indirgeme gücü, metal şelatlama kapasitesi, total fenolik bileşik tayini, total antioksidan ve $ABTS^{\cdot+}$ radikal katyon giderme aktiviteleri bakımından incelendi.

Antioksidan aktivite testleri bakımından çok etkili çıkmayan bitki organları sekonder metabolit tanıma testlerine tabi tutuldu. Test sonuçlarına göre bitkinin gövde kısmında alkaloid, kumarin, saponin ve tannin; yaprak kısmında alkaloid, kumarin, flavonoid ve tannin varlığı kalitatif olarak tespit edildi. Bu nedenle bitkinin hem gövde hem de yaprak kısmı için ayrı ayrı kolon kromatografisi uygulandı.

Gövde (A1) kısmı için yapılan kolon kromatografisinden 2'si bilinmeyen (**15** ve **16**) 5 bileşik (**14**, **17**, **18**); yaprak (A2) için yapılan kolon kromatografisinden 1', yeni (**19**) 6 bileşik (**20**, **21**, **22**, **23** ve **24**) olmak üzere toplam 11 bileşik izole edildi. Bileşiklerin yapıları Çizelge 4.32'de verilmiştir.

Çizelge 4.32. *C. cilicica* bitkisinden izole edilen bileşikler

Gövdeden izole edilen bileşikler		
Bileşik	**Yapısı**	**Literatür**
(14) (β-Sitosterol)	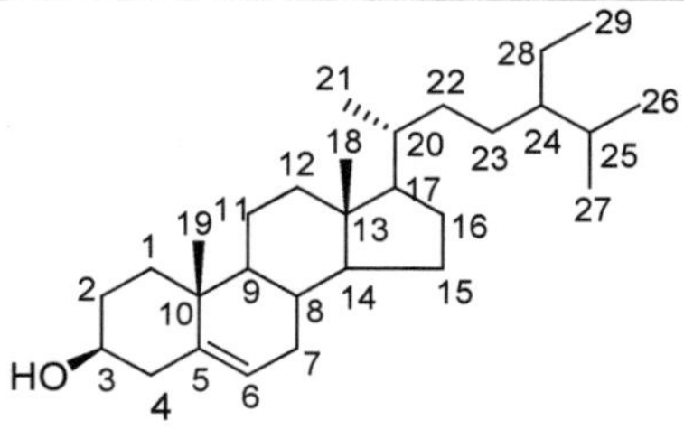	Patra, 2010; Moghaddam, 2007; Slomp ve Mackellar, 1962; Sadikun ve ark., 1996; Habib ve ark., 2007; Azizudin, 2008
(15)	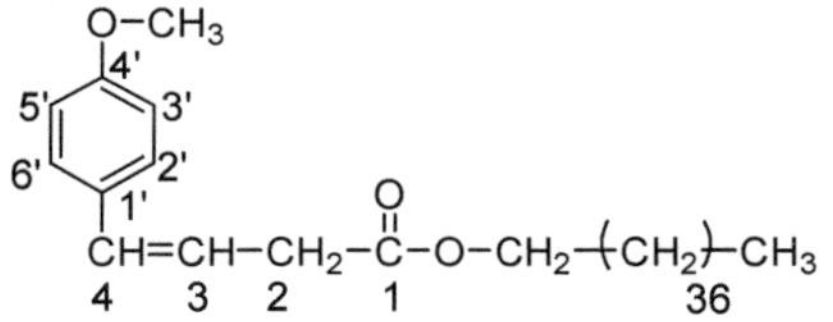 $CH=CH-CH_2-C(=O)-O-CH_2-(CH_2)_{36}-CH_3$	*
(16)	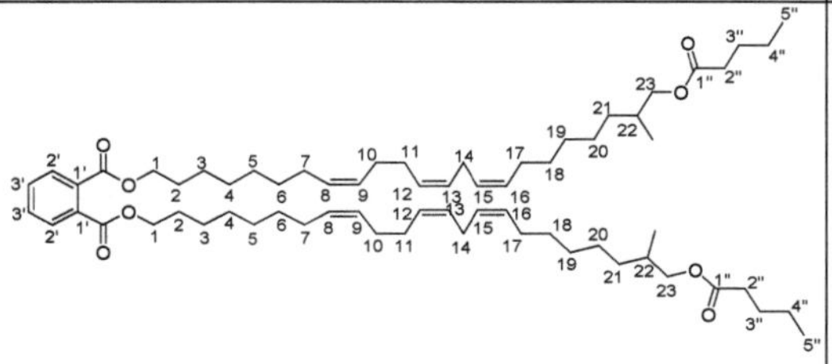	*
(17) (Sukroz)	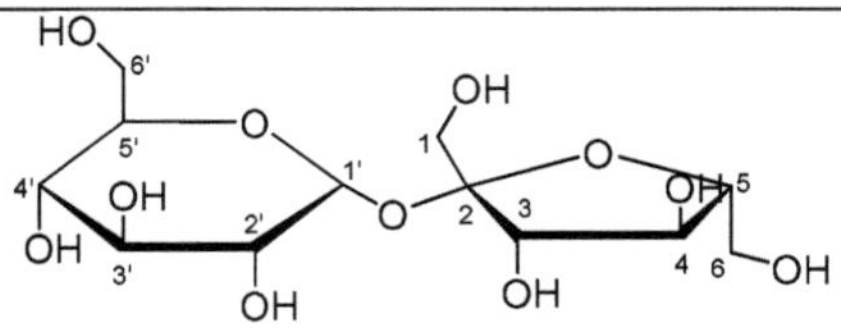	Popov ve ark., 2006; Wink ve ark., 2009
(18) (Heptakosil hekzadekanoat)	$CH_3-(CH_2)_{19}-CH_2-C(=O)-O-CH_2-(CH_2)_{19}-CH_3$	Smith ve ark., 2002; Devillers ve Pham-Delégue, 2003

Yapraktan izole edilen bileşikler		
Bileşik	**Yapısı**	**Literatür**
(19)	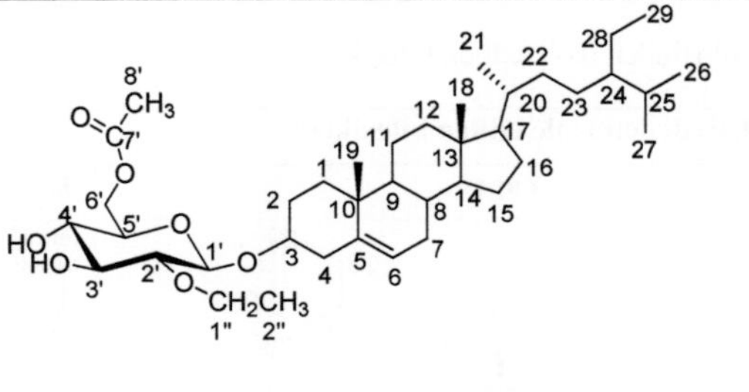	*
(20) (Daucosterin)	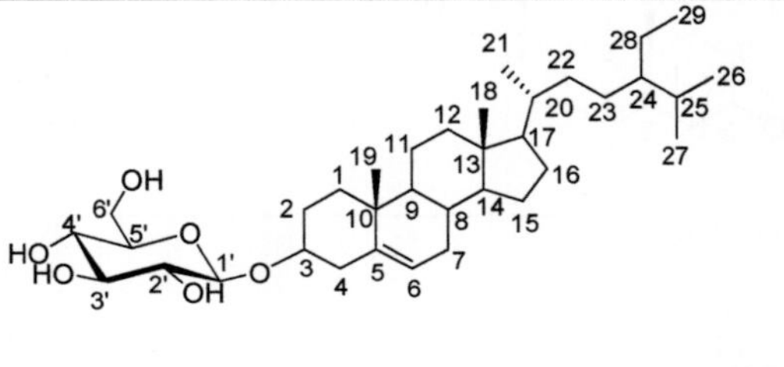	Catalan ve ark., 1983; Moghaddam ve ark., 2006; Wang ve ark., 2007
(21) (D-pinitol)	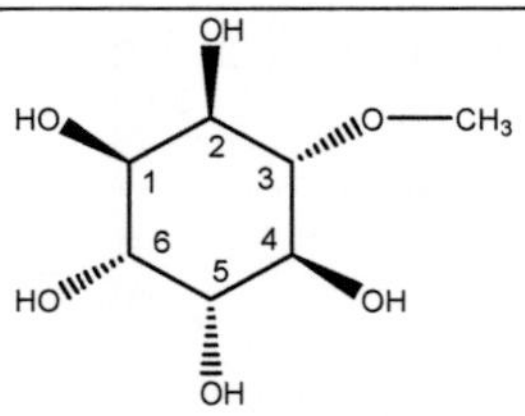	Blanco ve ark., 2008; Misra ve Sidriqi, 2004
(22) (Oleik asit ve pentakosanoik asit karışımı)	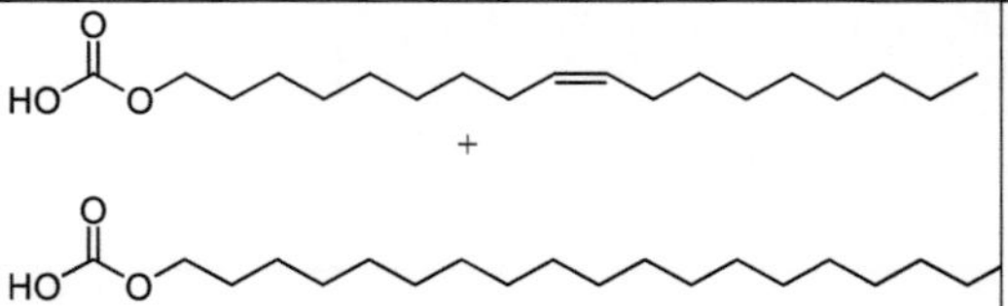 +	Banigan ve Meeks, 1953; Wang ve ark., 2011; Xian ve ark., 2010
(23) (hekzadesil dokosanoat)	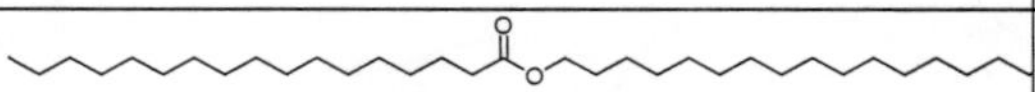	Urbanová ve ark., 2011
(24) (nonakosan-1-ol)	$CH_3-CH_2-(CH_2)_{26}-CH_2-OH$	Ahmad ve ark., 2011; Zhang ve Guo, 2001

*Literatürde bilinmeyen bileşikler

İzole edilen moleküllere antioksidan aktivite testleri uygulandı. β-Sitosterol **(14)** hariç diğer bileşiklerin antioksidan aktiviteye sahip olmadığı belirlenmiştir. Bitkideki doğal antioksidanların çoğunlukla fenolik asitler ve flavonoidler (Canadanovic-Brunet ve ark., 2005; Konczak ve ark., 2004; Koşar ve ark., 2004; Oboh ve ark., 2008) olması dolayısıyla izole edilen moleküllerin antioksidan aktivite göstermemesi beklenen bir sonuçtur. Bir steroid olan β-Sitosterol'ün potansiyel antioksidan aktivite göstermesi, H-3 protonunu vererek DPPH ve nitrik oksit radikallerini gidermesinden kaynaklanmaktadır (Baskar ve ark., 2010).

İzole edilen moleküllerin literatürdeki önemi ve yeri araştırılmıştır:

<u>β-Sitosterol</u> **(14)**: Grupta ve ark. (1980), β-sitosterolün, karın içine uygulandığında, hidrokortizon ile benzer potansiyel antiinflammatuar aktiviteye sahip olduğunu bulmuşlardır. Bunun yanı sıra, β-sitosterolün insan prostat kanser hücre (PC-3) büyümesini yavaşlattığı ve apoptozisi azaltmada etkili olduğu tespit edilmiştir (Awad ve ark., 2005). Bu bileşiğin mide kanser hücrelerindeki etkisini inceleyen Zhao ve ark. (2009), SGC-7901 mide kanser hücre büyümesini inhibe ettiği ve apoptozizi azalttığını ortaya koymuşlardır.

β-sitosterolün; kolon, göğüs, prostat, karaciğer ve sıçangillere ait fibrosarcoma kanser hücrelerinin proliferasyonunu çok düşük konsantrasyonlarda (2.4-32 μM) inhibe ettiği ve apoptosizi azalttığı tespit edilmiştir (Janezic ve Rao, 1992; Awad ve ark., 1997; Ju ve ark., 2004; Awad ve ark., 2000; Nakamura ve ark., 2005).

<u>Daucosterin</u> **(20)**: *In vitro* denemelerde daucosterin (β-sitosterol-3-O-β-d-glucopyranoside) bileşiğinin de içinde bulunduğu 4 bileşik, Epstein-Barr virüsüne (EBV) karşı antitümör aktivite bakımından incelenmiş ve daucosterinin yüksek antitümör aktivite gösterdiği tespit edilmiştir (Guevara ve ark., 1999).

Daucosterin ve Arvense-1 moleküllerinin HeLa (insan rahim kanseri), Vero (Afrika yeşil maymun böbrek hücresi) ve C6 (sıçan beyin tümörü) hücrelerine karşı antiproliferatif aktiviteleri incelenen bir araştırmada, yüksek konsantrasyonda (500 μg/mL) daucosterin molekülünün HeLa ve C6 hücrelerine karşı etkili olduğunu tespit edilmiştir (Tüfekçi, 2010).

Panax ginseng meyvelerinden izole edilen ve aralarında daucosterinin de olduğu 11 bileşiğin MTT testini kullanarak göğüs, akciğer ve prostat kanserlerine karşı in vitro antikanser aktivitesini inceleyen Wang ve ark. (2007), daucosterolün 10 ve 100 μM konsantrasyonda H838 (göğüs kanseri) hücrelerine, 1, 10 ve 100µM konsantrasyonlarda LNCaP (prostat kanseri) hücrelerine ve 1 ve 100µM'da ise PC3 (prostat kanseri) hücrelerine karşı %20-90 arasında aktivite gösterdiğini tespit etmişlerdir.

D-pinitol **(21)**: Hayvanlar ve insanlar üzerinde yapılan çalışmalarda, D-pinitolün kandaki glukoz seviyesini düşürücü etki gösterdiği tespit edilmiştir. D-pinitol bileşiğinin, streptozotosinle diyabet oluşturulmuş farelerde, glukoz metabolizması üzerinden hareket ederek anti-hiperglisemi etki gösterdiği gözlenmiştir (Bates ve ark., 2000; Shin ve Jeon, 2003). Ayrıca, soya fasulyesinden izole edilen D-pinitolün, II. Tip diyabet hastalarında da hipoglisemik etkiye sahip olduğu ortaya çıkartılmıştır (Shin ve Jeon, 2003; Kim ve ark., 2005a).

Diğer inositollerin yanı sıra d-pinitolün fare ve tavşan damarlarında endotelyal fonksiyon bozukluklarını giderdiği, endotelyal hücrelerde yükselmiş reaktif oksijen türlerini azalttığı tespit edilmiştir (Nascimento ve ark., 2006). Yapılan çalışmalardan elde edilen sonuçlara göre bu bileşiği kullanımının kardiyovasküler hastalıkları önlediği ortaya çıkartılmıştır (Ostlund ve Sherman, 1996).

Singh ve ark. (2001) yaptıkları çalışmada, pinitolün anti-inflammatuar aktiviteleri incelenmiş ve elde edilen verilere göre anti-inflammatuar ilaç olarak geliştirilmesi önerilmiş ve glusamin ile birlikte kullanılarak osteoartrit tedavisinde sinerjistik etkiye sahip olduğu belirlenmiştir (Kim ve ark., 2005b).

Memelilerde pinitolün, kandaki GOT (glutamat-oxaloasetat transaminaz), GPT (glutamat-piruvat transaminaz) ve γ-GTP (γ-glutamil transpeptidaz) seviyelerini azaltarak, SOD (süperoksit dizmutaz) aktivitesini ve karaciğerdeki glutatyon seviyesini artırarak karaciğeri etkili olarak koruduğu ortaya çıkartılmıştır. Bundan dolayı, d-pinitolün, karaciğeri hasardan koruyarak karaciğerle ilgili hastalıkların tedavisinde ve korunmasında farmakolojik aktif bileşik olarak kullanılabileceği öne sürülmüştür (Shin ve ark., 2004).

In vivo ortamda şeker ve lipid metabolizmasını normale döndürme özelliğinden dolayı d-pinitolün, obezite hastalarında kilo kontrolü için ek gıda olarak kullanılabileceği ortaya çıkartılmıştır (Ostlund ve Sherman, 1996).

Bunların dışında, d-pinitolün kozmetik veya dermofarmakolojik bileşimlerde ya da tüm cilt tipleri için ilaç üretiminde kullanılabileceği belirlenmiştir (Lintner, 2000).

15, 16 ve 19 Bileşikleri: Science Finder ile yapılan literatürtarama sonuçlarına göre **15**, **16** ve **19** bileşiklerine ait çalışma bulunamamıştır.

Daha önce sekonder metabolit ve biyolojik aktivite bakımından çalışılmamış olan *Colutea cilicica* bitkisibu çalışma ilk kez fitokimyasal ve antioksidan aktivite yönünden incelenmiştir. Bitkiden 3'ü yeni olmak üzere toplam 11 bileşik izole edilmiştir.

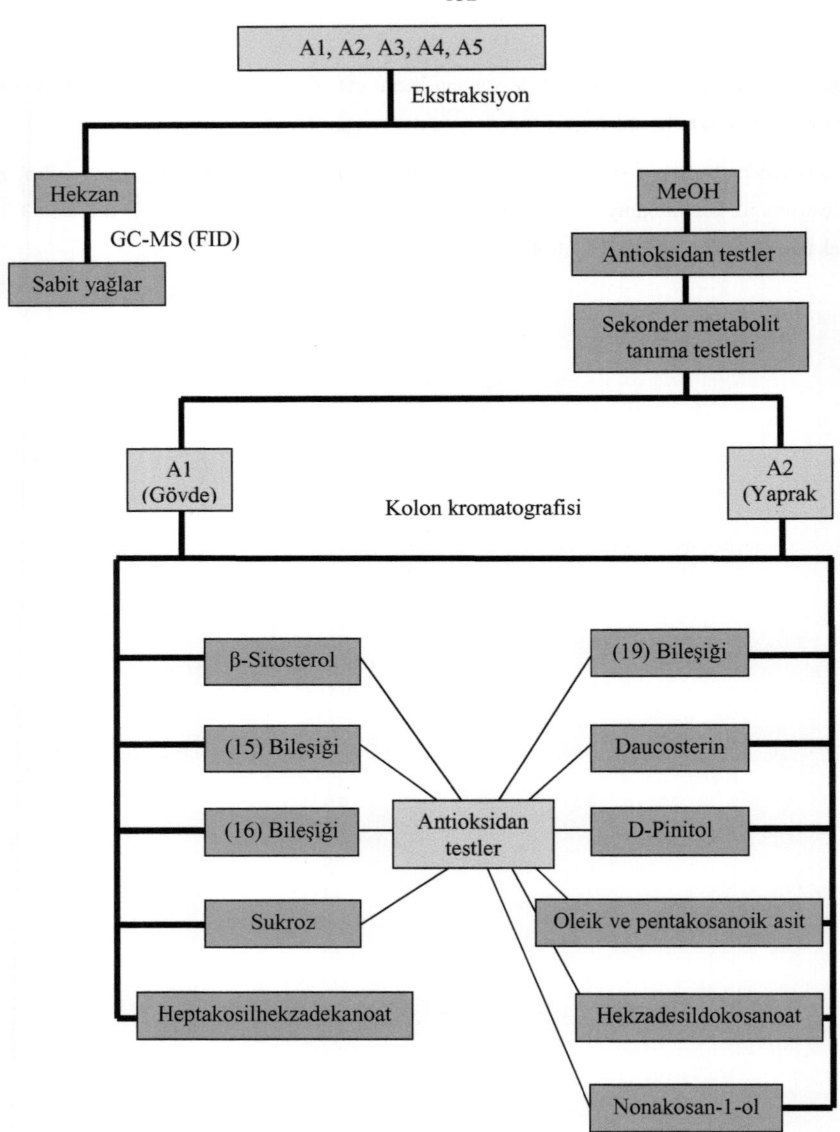

Şekil 4.89. Çalışmanın özet şeması

KAYNAKLAR

Aguinagalde, I., Perezgarcia, F., Gonzales, A.E., 1990. Flavonoids in seed coats of 2 colutea species-ecophysiological aspects. Journal of Basic Microbiology, 30 (8), 547-553.

Ahmad, S., Ali, M., Ansari, S.H., and Ahmed, F., 2011. Chemical constituents from the rhizomes of *Curcuma aromatica* Salisb, Der Pharma Chemica, 3(2): 505-511.

Akkuş, İ., 1995. Serbest radikaller ve Fizyopatolojik Etkileri. Mimoza Yayınları, Konya

Antolovich, M., Prezler, P.D., Patsalides, E., McDonald, S. and Robards, K., 2002. Methods for testing antioxidant activity, Analyst, 127, 183-198.

Awad, A.B., Hernandez, A.Y.T., Fink, C.S., Mendel, S.L., 1997. Effect of dietary phytosterols on cell proliferation and protein kinase C activity in rat colonic mucosa, Nutr. Cancer, 27, 210-215.

Awad, A.B., Downie, A.C., Fink, C.S., Kim, U., 2000. Dietary phytosterol inhibits the growth and metastasis of MDA-MB-231 human breast cancer cells grown in SCID mice, Anticancer Res., 20, 821-824.

Awad, A.B., Burr, A.T., Fink, C.S., 2005. Effect of resveratrol and beta-sitosterol in combination on reactive oxygen species and prostaglandin release by PC-3 cells. Prostaglandins Leukot Essent Fatty Acids, 72, 219-226.

Azizudun, M.I., 2008. Compounds isolated from *Tannacetum polycephalum*, Turkish Journal of Chemistry, 32, 201-204.

Babaç, M.T., Bakış, Y., 2010. http://wwweski.tubitak.gov.tr/tubives/index (07.07.2010).

Bağcı, E., Bruehl, L., Özçelik, H., Aitzetmuller, K., Vural, M., Şahim, A., 2004. A study of the fatty acid and tocochromanol patterns of some Fabaceae (Leguminosae) plants from Turkey, Grasas y Aceites, Vol. 55, Fasc. 4, 378-384.

Balasundram, N., Sundram, K., and Saman, s., 2006. Phenolic compounds in plant anda gri-industrial by-products: Antioxidant activity, occurence, and potential Uses, Food Chem., 99, 191-203.

Banigan, T.F., Meeks, J.W., 1953. Isolation of palmitic, stearic and linoleic acids from Guayule Resin, J. Am. Chem. Soc., 75(15), 3829-3830.

Baskar, A.A., Ignacimuthu, S., Paulraj, G.M., Al Numair, K.S., 2010. Chemopreventive potential of β-Sitosterol in experimental colon cancer model-an *in vitro* and *invivo* study, BMC Complementary and Alternative Medicine, 10, 24

Basman, J.H., 2004. Ecosystem consequences of enhanced solar ultraviolet radiation : secondary plant metabolites as mediators of multiple trophic interactions in terrestrial plant communities, Photochem Photobiol, 79, 382-398.

Bates, S.H., Jone, R.B., and Bailey, C.J., 2000. Insulin-like effect of pinitol. Br. J. Pharmacol., 130: 1944-1948.

Baytop, A., 1988. İstanbul Eczacılık Fakültesi Herbaryumundaki Türkiye Bitkileri, İstanbul, s. 60-61

Benabadji, S.H., Wen, R., Zheng, J.B., Dong, X.C., Yuan, S.G., 2004. Anticarcinogenic and antioxidant activity of diindolylmethane derivatives, Acta Pharmacol Sin, 25, 666-671.

Benzie, I.F.F., and Strain, J.J., 1996. The ferric reducing ability of plasma (FRAP) as a measure of 'antioxidant power' : the FRAP assay, Anal Biochem, 239, 70-76.

Benzie, I.F.F., and Strain, J.J., 1999. Ferric reducing/antioxidant power assay : direct measure of total antioxidant activity in biological fluids and modified version for simultaneous measurement of total antioxidant power and ascorbic acid concentration. Methods Enzymol, 299, 15-27.

Bero, J.,Frédérich, M., Quetin-Leclercq, J., 2009. Antimalarial compounds isolated from plants used in traditional medicine. Journal of Pharmacy and Pharmacology, 61, 1401-1433.

Blanco, N., Flores, Y., Almanza,G.R., 2008. Secondary metabolites from *Senna versicolor*, Revista Boliviana De Química, 25, 1, 36-42.

Blois, M. S., 1958. Antioxidant determinations by the use of a stable free radical. Nature 26, 1199-1200

Boiteau, P., Pasich, B., Ratsimamanga, A., R., 1964. Les Triterpenoids, Gauthier-Villards, Paris

Brieva, A., Guerrero, A., Pivel, J.P., 2001. Biochemical and pharmacological mechanism related to the activity of Cryptomphalus aspersa (SCA) (Endocare) in radiodermatitis, Dermatol Cosmet., 11(2), 71-75.

Budzikiewics, H., Djerassi, C., Williams, D., H., 1964. Structure Elucidation of Natural Products by Mass Spectrometry, 2, Holden-day, Inc., San Fransisco

Budzikiewics, H., Wilson, J., M., Djerassi, C., 1963. J. Amer. Chem. Soc.

Burtis, C., A., Ashwood, E., R., 1999. Tietz Textbook of Clinical Chemistry, W. B. Saunders Company, Philadelphia, Pennsylvania

Cakir, A., Mavi, A., Yıldırım, A., Duru, M.E., Harmandar, M. And Kazaz, C., 2003. Isolation and characterization of antioxidant phenolic compounds from the aerial parts of Hypericum hyssopifolium L. by activity-guided fractionation, J. Ethnopharm., 87, 73-83.

Canadanovic-Brunet, J.M., Dijilas, S.M., Cetkovic, G.S., Tumbas, V.T., 2005. Free-radical scavenging activity of wormwood (*Artemisia absinthium* L.) extracts, J. Sci. Food Agric., 85, 265-272.

Catalan, C.A.N., Kokke, W.C.M.C., Duque, C., Djerassi, C.,1983. J. Org. Chem., 48, 5207.

Chae, S., Kim, J.S., Kang, K.A., Bu, H.D., Lee, Y., Hyun, J.W., Kang, S.S., 2004. Antioxidant activity of Jionoside D from Clerodendron trichotomun. Biol Pharm. Bull, 27, 1504-1508.

Chirva, V., J., Kintya, P., K., Kreton, L., G., 1971. *Chem. Abstr*., 74, 31935

Christie, W.W., 2011. Sterols 3. Sterols and their conjugates from plants and lower organisms, The Lipid Library.

Conn, E., E., 1980. Cyanogenic compounds, Annu. Rev. Plant Phy., 31, 433-451

Cordell, G., 1998. The Alkoloids, Academic Press, California, USA, 61: s.103

Cram, J.D., Hammond, S.G., 1964. Organic Chemistry, Mc.Graw-Hill Book Company, Newyork, s 671.

Cuendet, M., Potterat, O., Salvi, A., Testa, B., Hostettmann, K., 2000. A stilbene and dihydrocalcone with radical scavenging activities from Loiseleuria procombens, Phytochemistry, 54, 871-874.

Cuttler, R.G., and Pryor, W.A., 1984. In free radical in biology, Free Radicals in Biology, 6, 371-423.

Das, N., P., Pereira, T., A., 1990. Effect of flavonoids on thermal autoxidation of palm oil structure-activity relationships. Journal of the American Oil Chemists' Society, 67 : 255-258

Davis, P., H., 1984. The Flora of Turkey and East Aegean Island, Vol 3, s. 384-448

Davis, P.H., 1968. The Flora of Turkey and East Aegean Island, Vol 3, s. 42-44.

Dawn, B., M., Allan, D., M., Colleen, M., S., 1996. Basic Medical Biochemistry a Clinical Approach. Lippincott Williams&Wilkins, Baltimore, Maryland

Devillers, J., and Pham-Delégue, M.H., 2003. Honey bees: Estimating the environmental impact of chemicals, Taylor&Francis e-Library, 22.

Dinis, T.C.P., Madeira, V.M.C. and Almeida, L.M., 1994. Action of phenolic derivatives (acetoaminophen, salycilate, and 5-aminosalycilate) as inhibitors of membrane lipid peroxidation and as peroxyl radical scavengers. Archive of Biochemistry and Biophysics, 315, 161-169.

Duan, X.J., Zhang, W.W., Li, X.M., Wang, B.G., 2006. Evaluation of antioxidant property of extract and fractions obtained from a red alga, Polysiphonia urceolata. Food Chem., 95, 37-43.

Elmastaş, M., Demirtaş, İ., Işıldak, O., Aboulienein, H.Y. 2006. Antioxidant Activity of S-Carvone Isolated from Spearmint (*Mentha spicata* L.).Journal of Liquid Chromatography & Related Technologies,29, 1465–1475.

Engin, A., 1993. Tohumlu Bitkiler Sistematiği, Samsun

Enzell, C., R., Wahlberg, I., 1969. Acta. Chem. Scand, 23, 871

Erdik, E., 1993. Organik Kimyada Spektroskopik Yöntemler, Gazi Büro Kitapevi Ankara, s. 234

Ertürk, O., 2006. Antibacterial and antifungal activity of ethanolic extracts from eleven spice plants. Biologia, 61 (3), 275-278.Frei, B., 1994. Natural Antioxidants in Human Health and Disease. Academic Press, San Diego.

Ezer,N., Mumcu-Arısan, O., 2006. Folk medicines in Merzifon (Amasya, Turkey). Turk J Bot, 30, 223-30.

Fang, T., T., Lee, Y., H., 1991. Investigation on characteristics of Japanese apricot cultivars in Taiwan, Journal of the Agricultural Association of China, 156, 69-82

Frankel, E.N. and Meyer, A.S., 2000. The problems of using one-dimensional methods to evaluate multifunctional food and biological antioxidants, J. Sci. Food Agric., 80, 1925-1941.

Foo, L., Y., Lu, Y., Molan, A., L., Woodfield, D., R., McNabb, W., C., 2000. *Phytochemistry*, 54, 539-548

Gonçalves, C., Dinis, T., Batista, M.T., 2005. Antioxidant properties of proanthocyanidins of Uncaria tomentosa bark decoction : a mechanism for anti-inflammatory activity, Phytochemistry, 66, 89-98.

Grosvenor, P.W. ve Gray, D.O., 1996. Colutequinone and colutehydroquinone, antifungal isoflavonoids from *Colutea arborescens*. Phytochemistry, 43 (2), 377-380.

Grosvenor, P.W. ve Gray, D.O., 1998. Coluteol and colutequinone B, more antifungal isoflavonoids from *Colutea arborescens*. J. Nat. Prod., 61, 99-101.

Grupta, M.B., Nath, R., Srivastava, N., Shanker, K., Kishor, K., Bhargava, K.P., 1980. Anti-inflammatory and antipyretic activities of beta-sitosterol. Planta Med., 39, 157-163.

Guevara, A.P., Vargas, C., Sakurai, H., Fujiwara, Y., Hashimoto, K., Maoka, T., Kozuka, M., Ito, Y., Tokuda, H., Nishino, H., 1999. An antitumor promoter from *Moringa oleifera*, Lam. Mutat Res., 440(2), 181-188.

Gülçin, İ., Büyükokuroğlu, M.E., Oktay, M., Küfrevioğlu, Ö.İ., 2003. Antioxidant and analgesic activities of turpentine of *Pinus nigra* Arn. *subsp. pallsiana* (Lamb.) Holmboe, Journal of Ethnopharmacology, 86, 51-58.

Gülçin, İ., 2006a. Antioxidant and antiradical activities of L-Carnitine, Life Sciences, 78, 803-811

Gülçin, İ., Mshvildadze, V., Gepdiremen, A., Elias, R., 2006b. Antioxidant activity of a triterpenoid glycoside isolated from the berries of Hedera colchica: 3-O-(β-D-glucopyranosyl)-hederagenin, Phytheraphy Research, 20, 130-134.

Gülçin, İ., 2007. Comparison of in vitro antioxidant and antiradical activities of L-tyrosine and L-Dopa, Amino acids, 32, 431-438.

Habib, M.R., Nikkon, F., Rahman, M., Haque, M.E., Karim, M.R., 2007. Isolation of stigmasterol and β-sitosterol from methanolic extract of root bark of Calotropis gigantean (Linn), Pakistan Journal of Biological Sciences, 10(22), 4174-4176.

Hagerman, A., E., Riedl, K., M., Jones, G., A., Sovik, K., N., Ritchard, N., T., Hartzfeldf, P., W., Riechel, T., L., 1998. High molecular weight plant polyphenolics (tannins) as biological antioxidant, Journal of Agricultural and Food Chemistry, 46, 1887-1892

Halliwell, B., Gutteridge, JMC., 1990. Role of free radicals and catalytic metal ions in human disease: An overview, *In:* Methods in Enzymology, 186, 1-85

Hang, S., Larsen, K., 2010. Colutea Linnaeus, Sp. Pl. 2: 723.1753, Flora of China, 10: 503-505.

Hostettmann, K., Terreaux, C., 2000.Search for new lead compounds from higher plants, Chimia, 54, 652-657.

Hsieh, Y.H., and Hsieh, Y.P., 2000. Kinetics of Fe (III) reduction by ascorbic acid in aqueous solutions, J. Agric. Food Chem., 48(5), 1569-1573.

Işık, F.E., 2005. Edirne Bölgesinde Yetişen *Trifolium resupinatum* L. *var. microcephalum* Bitkisinin Fitokimyasal İncelenmesi. (Doktora Tezi), Trakya Üniversitesi, Kimya Bölümü, Edirne.

Janezic, S.A., Rao, A.V., 1992. Dose-dependent effects of dietary phytosterols on epithelial cell proliferation of the murine colon, Food Chem. Toxicol., 30, 611-616.

Ju, Y.H., Clausen, L.M., Allred, K.F., Almada, A.L., Helferich, W.G., 2004. β-sitosterol, β-sitosterol glucoside, and a mixture of β-sitosterol and β-sitosterol glucoside modulate the growth of estrogen-responsive breast cancer cells in vitro and in ovariectomized athymic mice, *J. Nutr.*, 134, 1145-1151.

Kahkönen, M.P., Hopia, A.I., Vuorela, H.J., Rauha, J.P., Pihlaja, K., Kujala, T.S., Heinonen, M., 1999. Antioxidant activity of plant extracts containing phenolic compounds, Journal of Agricultural and Food Chemistry, 47, 3954-3962.

Kaufman, P.B., Cseke, L.J., Warber, S., Duke, J.A., Brielman, H.L., 1999. Natural Product from Plants, 2-9.

Khaled, M., M., Mahmoud, H., M., Kazuhiro, O., Ryoji, K., Kazuo, Y., 2000. *Phytochemistry*, 51, 1193.

Kımızıgül, S., Anıl, H., Uçar, F., Akdemir, K., 1996. Antimicrobial and antifungal activities of three new triterpenoic glycosides, Phytotheraphy Research, 10, 274-276

Kim, B.J., Kim, J.H., Kim, H.P., Heo, M.Y., 1997. Biological screening of 100 plant extracts for cosmetic use (II): antioxidative activity and free radical scavenging activity, Int. J. Cosmetic Sci., 19, 299-307.

Kim, J.I., Kim, J.C., Kang, M.J., Lee, M.S., Kim, J.J., and Cha, I.J., 2005a. Effects of pinitol isolated from soybeans on glycaemic control and cardiovascular risk factors in Korean patients with type II diabetes mellitus: a randomized controlled study. Eur. J. Clin. Nutr., 59(3), 456-458.

Kim, J.C., Shin, J.Y., Shin, D.H., Kim, S.H., Park, S.H., Park, R.D., Park, S.C., Kim, Y.B., and Shin, Y.C., 2005b. Synergistic anti-inflammatory effects of pinitol and glucosamine in rats, Phytother. Res., 19, 1048-1051.

Koç, H., 2002. Bitkilerle Sağlıklı Yaşama, Başbakanlık Basımevi, Ankara, s.431

Konczak, I., Okuno, S., Yoshimoto, M., Yamakawa, O., 2004. Caffeoylquinic acids generated *in vitro* in a high-anthocyanin-accumulating sweet poteto cell line, J. Biomed. Biotechnol., 5, 287-292.

Kosar, M., Dorman, D., Baser, K., Hiltunen, R., 2004. An improved HPLC post-column methodology fort he identification of free radical scavenging phytochemicals in complex mixtures, Chromatographia, 60, 635-638.

Levy, G., C., 1976. Topics in ^{13}C NMR Spectroscopy, John Wiley and Sons, New York

Lintner, K., 2000. Cosmetic and dermopharmaceutical compositions containng plant extracts of *Pinus lambertania* to counteract all types of dryness of the skin, PCT WO/2000/059465.

Magalhães, L.M., Segundo, M.A., Reis, S., Lima, J.F.L.C., 2008. Methodological aspects about in vitro evaluation of antioxidant properties, *Anal. Chim. Acta*, 613, 1-19.

Marley, C., L., Cook, R., Barrett, J., Keatinge, R., Lampkin, N., H., McBride, S., D., 2003. The effect of dietary forage on the development and survival of helminth parasites in ovine faeces, Veterinary Parasitology, 118, 93-107

Matsuda, H., Hirata, N., Kawaguchi, Y., Naruto, S., Takata, T., Oyama, M., Iinuma, M., Kubo, M., 2006. Melanogenesis stimulation in murine B16 melanoma cells by kava (*Piper methysticum*) rhizome extract and kavalactones, Biol. Pharm. Bull., 29(4), 834-837.

Maul, C., Sattler, I., Zerlin, M., Hinze, C., Koch, C., Maier, A., Grabley, S., Thiericke, R., 1999. Bimolecular chemical screening : A novel screening approach for the discovery of biologically active secondary metabolites-III. New DNA-binding metabolites, Journal of Antibiotics, 52 (12), 1124-1134

Miller, N.J., Rice-Evans, C.A., Davies, M.J., Gopinathan, V. and Milner, A., 1993. A novel method for measuring antioxidant capacity and its application to monitoring the antioxidant status in premature neonates. Clin Sci, 84, 407-412.

Miller, N.J., Diplock, A.T. and Rice-Evans, C.A., 1995. Evaluation of the total antioxidant activity as a marker of the deterioriation of apple juice on storage. J. Agric. Food Chem, 43, 1794-1801.

Miller, D.D., 1996. Mineral. Food Chemistry, Fennema, O.R. (Ed.), Dekker: New York, 618-649.

Minotti, G., and Austi S.D., 1987. The requirement for iron (III) in the initiation of lipid peroxidation by iron (II) and hydrogene peroxide, J. Biol. Chem., 262(3), 1098-1104.

Misra, L.N., Siddiqi, S.A., 2004. Curr. Sci., 87, 1507.

Mitsuda H., Yuasumoto K., Iwami K., 1996.Antioxidation action of indole compounds during the autoxidation of linoleic acid. Journal of Japanese Society of Food and Nutrition, 19, 210-214.

Moghaddam, F.M., Farimani, M.M., Salahvarzi, S., and Amin, G., 2007. Chemical constituents of dichloromethane extract of cultivated Satureja khuzistanica, Ecam, 4(1), 95-98.

Molynex, P., 2004. The use of the stable free radical diphenylpicryl-hydrazyl (DPPH) for estimating antioxidant activity, Songklanakarin, J. Sci. Technol., 26 (2), 211-219.

Mosquera, O.M., Correa, Y.M., Buitrago, D.C., Nino, J., 2007. Antioxidant activity of twenty five plants from Colombian biodiversity, Mem Inst Oswaldo Cruz, Rio de Janeiro, 102 (5), 631-634.

Moure, A., Cruz, J.M., Franco, D., Dominguez, J.M., Sineiro, J., Dominguez, H., Hunez, M.J. and Parajo, J.C., 2001. Natural antioxidants from residual sources, Food Chem., 72, 145-171.

Nagai, T., Myoda, T., and Nagashima, T., 2005. Antioxidative activities of water extract and ethanol extract from field horsetail (tsukushi) Equisetum arvense, Food Chemistry, 91, 389-394.

Nakamura, Y., Yoshikawa, N., Hiroki, I., Sato, K., Ohtsuki, K., Chang, C.C., Upham, B.L., Trosko, J.E., 2005. β-sitosterol from psylliumseed husk (*Plantago ovata* Forsk) restores gap junction intercellular communication in Ha-Ras oncogene transfected rat liver cells, Nutr. Cancer, 5, 218-225.

Narayanan, C., R., Venkatasubramanian, N., K., 1965. Tetrahedron Letters, 41, 3639

Nascimento, N.R., Lessa, L.M., Kerntopf, M.R., Sousa, C.M., Alves, R.S., Queiroz, M.G., Price, J., Heimark, D.B., Larner, J., Du, X., Brownlee, M., Gow, A., Davis, C., and Fonteles, M.C., 2006. Inositol prevent and reverse endothelial dysfunction in diabetic rat and rabbit vasculature metabolically and by scavenging superoxide, Proc. Natl. Acad. Sci., 103(1), 218-223.

Oboh, G., Raddatz, H., Henle, T., 2008. Antioxidant properties of polarand non-polar extracts of some tropical green leafly vegetables, J. Sci. Food Agric., 88, 2486-2492.

Oktay, M., Gülçin, İ., Küfrevioğlu, Ö.İ., 2003. Determination of in vitro antioxidant activity of fennel *(Foeniculum vulgare)* seed extracts, Lebensm.-Wiss. U.-Technol., 36, 263-271.

Olgunkaya, L., 1981. Phytochemistry, 20, 121-126

Ostlund, R.E. and Sherman, W.R., 1996. Pinitol and derivatives thereof fort he treatment of metabolic disorders. U.S. Patent no. 5,550,166.

Özgen, U., Mavi, A., Terzi, Z., Kazaz, C., Aşçı, A., Kaya, Y., Seçen, H., 2011. Relationship between chemical structure and antioxidant activity of luteolin and its glycosides isolated from *Thymus sipyleus* subsp. *sipyleus* var. *sipyleus*, Records of Natural Products, 5:1, 12-21.

Patra, A., Jha, S., Murthy, P.N., Manik, Sharone, A., 2010. Isolation and characterization of stigmast-5-en-3β-ol (β-sitosterol) from the leaves of *Hygrophila spinosa* T. Anders, International Journal of Pharma Sciences and Research, Vol.1 (2), 95-100.

Popov, K.I., Sultanova, N., Rönkkömäki, H., Hannu-Kuure, M., Jalonen, J., Lajunen, L.H.J., Bugaenko, I.F., Tuzhilkin, V.I., 2006. ^{13}C NMR and electrospray ionization mass spectrometric study of sucrose aqueous solutions at high pH: NMR measurement of sucrose dissociation constant, Food Chemistry, 96, 248-253.

Prior, R.L. and Cao, G., 1999. In vivo total antioxidant capacity: Comparison of different analytical methods, Free Radical Bio. Med., 27, 1173-1181.

Radwan, M.M., 2008. Isoflavonoids from an Egyptian collection of *Colutea istria*, Natural Product Communications, V 3, Issue 9, 1491-1494.

Re, R., Pellegrini, N., Proteggente, A., Pannala, A., Yang, M., Rice-Evans, C., 1999. Antioxidant activity applying an improved ABTS radical cation decolorization assay, Free Radical Biology and Medicine, 26, 1231-1237.

Rice-Evans, C.A. and Miller, N.J., 1994. Total antioxidant status in plasma and body fluids, Methods Enzymol, 234, 279-293.

Rice-Evans, C.A., Diplock, A.T. and Symons, M.C.R., 1991. Techniques in free radical research, Laboratory Techniques in Biochemistry and Molecular Biology, Ed. by Burdon, R.N. and van Knippenberg, P.H., 22, Elsevier, Amsterdam.

Sadikun, A., Aminah, I., Ismailand, N., Ibrahim, P., 1996. Sterols and sterol glycosides from the leaves of *Gynura procumbens*, Natural Product Sciences, 2(1), 19-23.

Sakar, M., K., Tanker, M., 1991. Fitokimyasal Analizler, Ankara Üniv. Ecz. Fak. Yayınları, No: 67, Ankara Üniversitesi Basımevi, Ankara, s. 224

Samman, S., Wall, P.M.L., and Cook, N.C., 1998. Flavonoids and Coronary Heart Disease: Dietary perspectives, Flavonoids in Health and Disease, Ed. By Rice-Evans, C.A. and Packer, L., Marcell Decker Inc., USA.

Sanchez-Moreno, C., Larrauri, J.A. and Saura-Calixto, F., 1999. Free radical scavenging capacity of selected red, rose and white wines, J. Sci. Food Agric., 79, 1301-1304.

Sanchez-Moreno, C., Larrauri, J., and Saura-Calixto, F., 1998. A procedure to measure the antiradical efficiency of polyphenols, Journal of the Science of Food and Agriculture, 76, 270-276.

Sasaki, Y.F., Kawaguchi, S., Kamaya, A., Ohshita, M., Kabasawa, K., Iwama, K., Taniguchi, K., Tsuda, S., 2002. The comet assay with 8 mouse organs: Results with 39 currently used food additives, Mut Res-Gen Tox En, 519, 103-109.

Seçmen, Ö.,1995. Tohumlu Bitkiler Sistematiği, Ege Üniversitesi Basımevi, İzmir

Sezik, E., Yeşilada, E., Honda, G., Takaishi, Y., Takeda, Y., Tanaka, T., 2001. Traditional medicine in Turkey X. Folk medicine in Central Anatolia, J Ethnopharmacol, 75, 95-115.

Shaidi, F., 2000. Antioxidants in foods and food antioxidants, Nahrung, 44, 158-163.

Shahidi, F., Naczk, M., 1995. Food Phenolics,A Technomic Publication, USA.

Shin, Y.C., and Jeon, J.Y.J., 2003. Hypoglycemic effect of pinitol isolated from soybean. Food Sci. Ind., 36(1), 56-60 (In Korean).

Shin, Y.C., Jeon, Y.C., and Kim, J.J., 2004. Use of pinitol or chiroinositol for protecting the liver, PCT WO/2004/084875.

Singh, R.K., Pandey, B.L., Tripathi, M., and Pandey, V.B., 2001. Anti-inflammatory effect of (+)-Pinitol, Fitoterapia, 72, 168-170.

Slinkard, K., Singleton, V.L., 1977.Total phenol analyses: Automation and comparison with manual methods. American Journal of Enology and Viticulture 28, 49–55.

Slomp, G., Mackellar, F.A., 1962. Nuclear magnetic resonance studies on some hydrocarbon side chains of sterols, Journal of American Chemical Society, 84(2), 204-206.

Smith, G.C., Alnasser, G.H., Jones, D.C., Bromenshenk, J.J., 2002. Volatile and semi-volatile organic compounds in beehive atmospheres, Taylor&Francis, CRC Press, 12-41.

Solomons, G., Fryhle, C., 2002. Organik Kimya, Literatür Yayınevi, Ankara

Souri, E., Amin, G., Dehmobed-Sharifabadi, A., Nazifi, A., Farsam, H., 2004. Antioxidative activity of sixty plants from Iran, Journal of Pharmaceutical Research, 3, 55-59.

Sun, B., Fukuhara, M., 1997. Effects of co-administration of butylated hydroxytoluene, butylated hydroxyanisole and flavonoids on the activation on mutagens and drug metabolizing enzymes in mice, Toxicology, 122, 61.

Süntar, İ.P., Koca, U., Akkol, E.K., Yılmazer, D. Ve Alper, M., 2011. Assesment of wound healing activity of the aqueous extracts of *Colutea cilicica* Boiss.&Bal. fruits and leaves, Oxford University Pres, 1-7.

Tanaka, M., Kuei, C.W., Nagashima, Y., and Taguchi, T., 1988. Application of antioxidative maillard reaction products from histidine and glucose to sardine products, Nippon Suisan Gakkaishi, 54, 1409-1414.

Tanker, M., Sakar, MK., 1991. Fitokimyasal Analizler, Tanım, miktar tayini ve izolasyon, Ankara Üniversitesi, Ecz. Yayınları, No : 67, s.202-204.

Taşan, M., 2008. Fitosterollerin insan beslenmesindeki yeri ve sağlığa etkileri, Türkiye 10. Gıda Kongresi, 21-23 Mayıs 2008, Erzurum.

Tietz, N., W., 1995. Clinical Guide to Laboratory Tests, W. B., Saunders Company, Philadelphia, Pennsylvania

Triantaphyllou, K., Blekas, G. And Boskou, D., 2001. Antioxidative properties of water extracts obtained from herbs of the species Lamiaceae, Intern. J. Food Sci. Nutr., 52, 313-317.

Tsao, R., and Deng, Z., 2004. Seperation procedures for naturally occuring antioxidant phytochemicals, J. Chromatogr. B, 812, 85-99.

Tschesche, R., Wulff, G., 1973. Fortschritte der Chemie Organischer Naturstoffe, *Spinger-Verlag*, Wien, 30

Tüfekçi, A.R., 2010. Köy Göçüren (*Cirsium arvense L. scop. subsp. vestitum*) Bitkisinin Bazı Biyolojik Aktivitelerinin İncelenmesi. (Y. Lisans Tezi), Gaziosmanpaşa Üniversitesi, Kimya Bölümü, Tokat.

Ulubelen, A., Öksüz, S., Samek, Z., and Holub, M., 1971. Tetrahedron Letters, 12, 4455-4456.

Urbanová, K., Vrkoslav, V., Valterová, I., Háková, M., Cvacka, J., 2011. Electron ionization mass spectra of wax esters, Journal of Lipid Research.

Van Acker, S.A.B.E., Van Balen, G.P., Van den Berg, D.J., Bast, A., and Van der Vijgh, W.J.F., 1998. Influence of iron chelation on the antioxidant activity of flavonoids, Biochem. Pharmacol., 56(8), 935-943.

Van der Spoel, A.C., Jeyakumar, M., Butters, T.D., Charlton, H.M., Moore, H.D., Dwek, R.A., and Platt, F.M., 2002. Proc. Natl. Acad. Sci. USA, 99, 17173-17178.

Velioglu, Y.S., Mazza, G., Gao, L., and Oomah, B.D., 1998. Antioxidant activity and total phenolics in selected fruits, vegetables and grain products, J. Agric. Food Chem., 46, 4113-4117.

Wang, Y., P., Chen, Y., H., Xu, D., Z., Jiang, W., D., 1980. Shenghai Ti 1 Hsueh Yuan Hsueh Pao, 7, 347

Wang, W., Zhao, Y., Rayburn, E.R., Hill, D.L., Wang, H., Zhang, R., 2007. In vitro anti-cancer activity and structure-activity relationships of natural products isolated from fruits of *Panax ginseng*, Cancer Chemother Pharmacol, 59, 589-601.

Wang, C.F., Li, J.P., Zhang, Y.B., Zhang, Z.Z., 2011. Chemical constituents from the roots of *Senecio scandens*, Chemistry of Natural Compounds, 47(2), 243-245.

Wayner, D.D.M., Burton, G.W., and Ingold, K.U., 1986. The antioxidant efficiency of vitamin C is concentration-dependent. Biochim Biophys Acta, 884, 119-123.

Wayner, D.D.M., Burton, G.W., Ingold, K.U. and Locke, S., 1985. Quantitative measurement of the total, peroxyl radical-trapping antioxidant capacity of human blood plasma by controlled peroxidation, FEBS Lett., 187, 33-37.

Wink, M., El-Domiaty, M.M., Abdel Aal, M.M., Abou-Hashem, M.M., Abd-Alla, R.H., 2009. Antihepatotoxic Activity and Chemical Constituents of *Buddleja asiatica*, Lour. Z. Naturforsch, 64c, 11-19.

Woitke, H., D., Kayser, J., P., Hiller, K., 1970. Fortschritte in der Erforschung der Triterpensaponine, Pharmazie, 25, 133

Xian, L.N., Qian, S.H., Li, Z.L., 2010. Studies on the chemical constituents from the stems of Acanthopanax gracilistylus, Zhong Yao Cai, 33(4), 538-542.

Yen, G.C., and Duh, P.D., 1993. Antioxidative properties of methanolic extracts from peanut hulls, Journal of the American Oil Chemists' Society, 70, 383-386.

Yen, G.C., Duh, P.D., and Tsai, C.L., 1993. Relationship between antioxidant activity and maturity ofpeanut hulls, Journal of Agricultural and Food Chemistry, 41, 67-70.

Zhang, Y., H., 1999. Theorical methods used in elucidation activity differences of phenolic antioxidants, Journal of the American Oil Chemists' Society, 76 : 745-729

Zhang, J.S., Guo, D.M., 2001. Yao Xue Xue Bao, 36, 34-37.

Zhao, Y., Chang, S.K.C., Qu, G., Li, T., Cui, H., 2009. β-sitosterol inhibits cell growth and induces apoptosis in SGC-7901 human stomach cancer cells, Journal of Agricultural and Food Chemistry, 57, 5211-5218.

Ekler

Ek-1. (18) bileşiğinin[1]H-NMR spektrumu (400 MHz, $CDCl_3$)

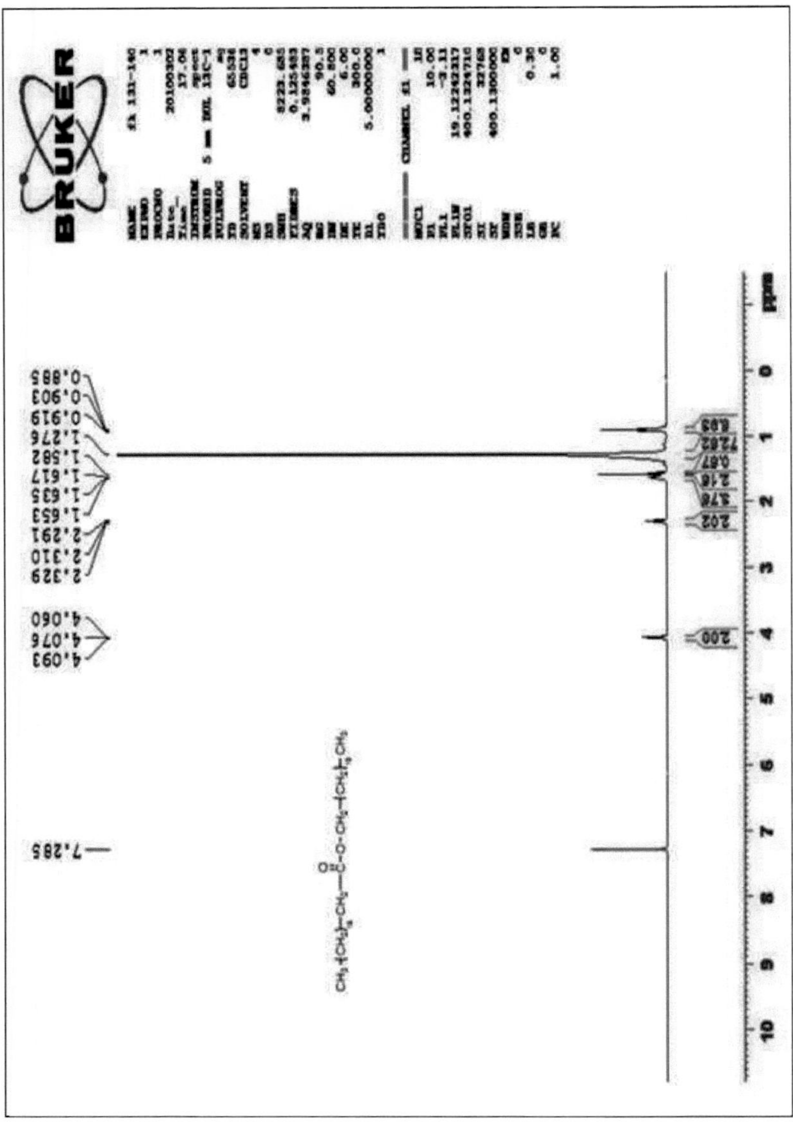

Ek-2. (18) bileşiğinin APT spektrumu (100 MHz, $CDCl_3$)

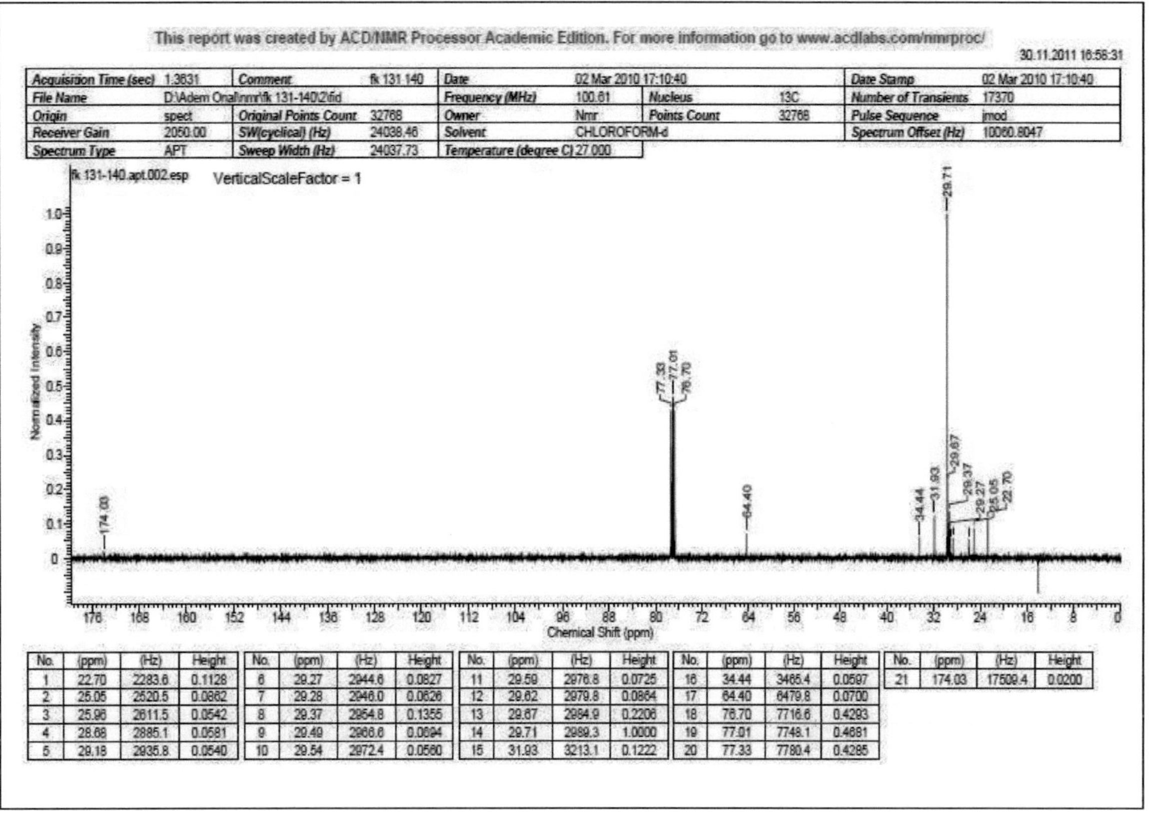

No.	(ppm)	(Hz)	Height
1	22.70	2283.6	0.1128
2	25.05	2520.5	0.0862
3	25.96	2611.5	0.0542
4	28.68	2885.1	0.0581
5	29.18	2935.8	0.0540
6	29.27	2944.6	0.0827
7	29.28	2946.0	0.0626
8	29.37	2954.8	0.1355
9	29.49	2966.6	0.0694
10	29.54	2972.4	0.0560
11	29.59	2976.8	0.0725
12	29.62	2979.8	0.0864
13	29.67	2984.9	0.2206
14	29.71	2989.3	1.0000
15	31.93	3213.1	0.1222
16	34.44	3465.4	0.0597
17	64.40	6479.8	0.0700
18	76.70	7716.6	0.4293
19	77.01	7748.1	0.4681
20	77.33	7780.4	0.4285
21	174.03	17509.4	0.0200

Ek-3. (18) bileşiğinin HETCOR spektrumu (100 MHz, $CDCl_3$)

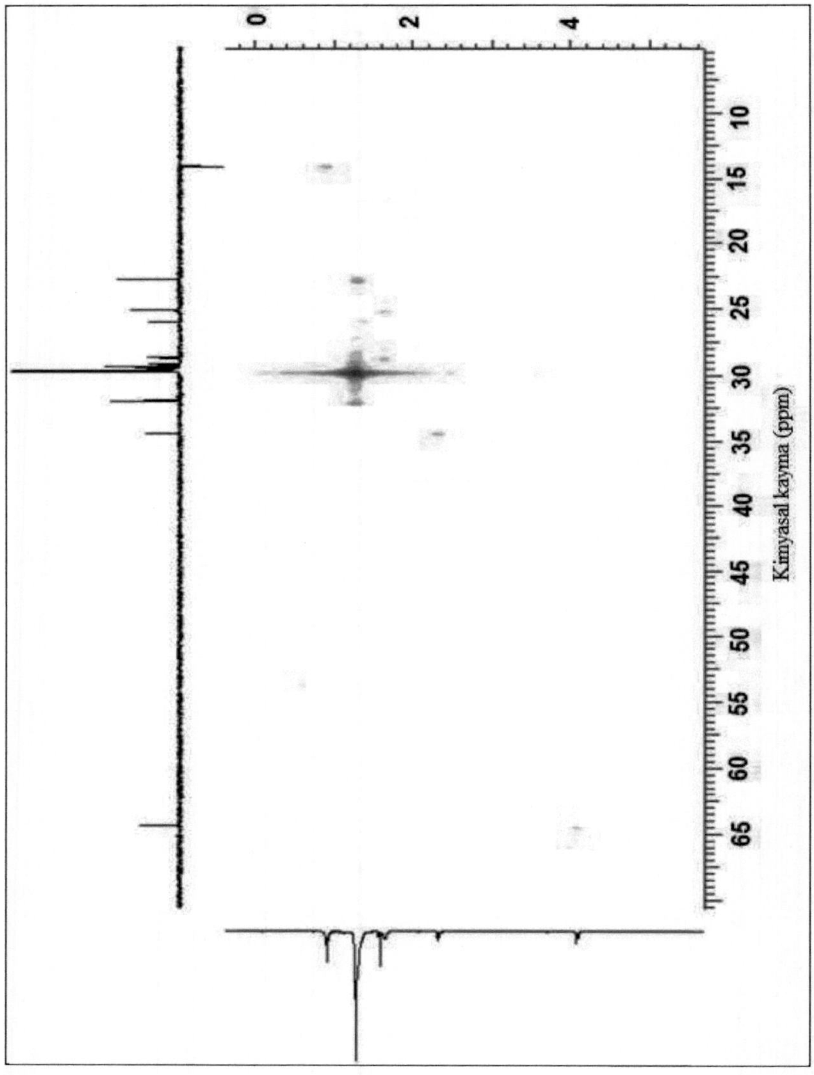

Ek-4. (18) bileşiğinin HMBC spektrumu(100 MHz, $CDCl_3$)

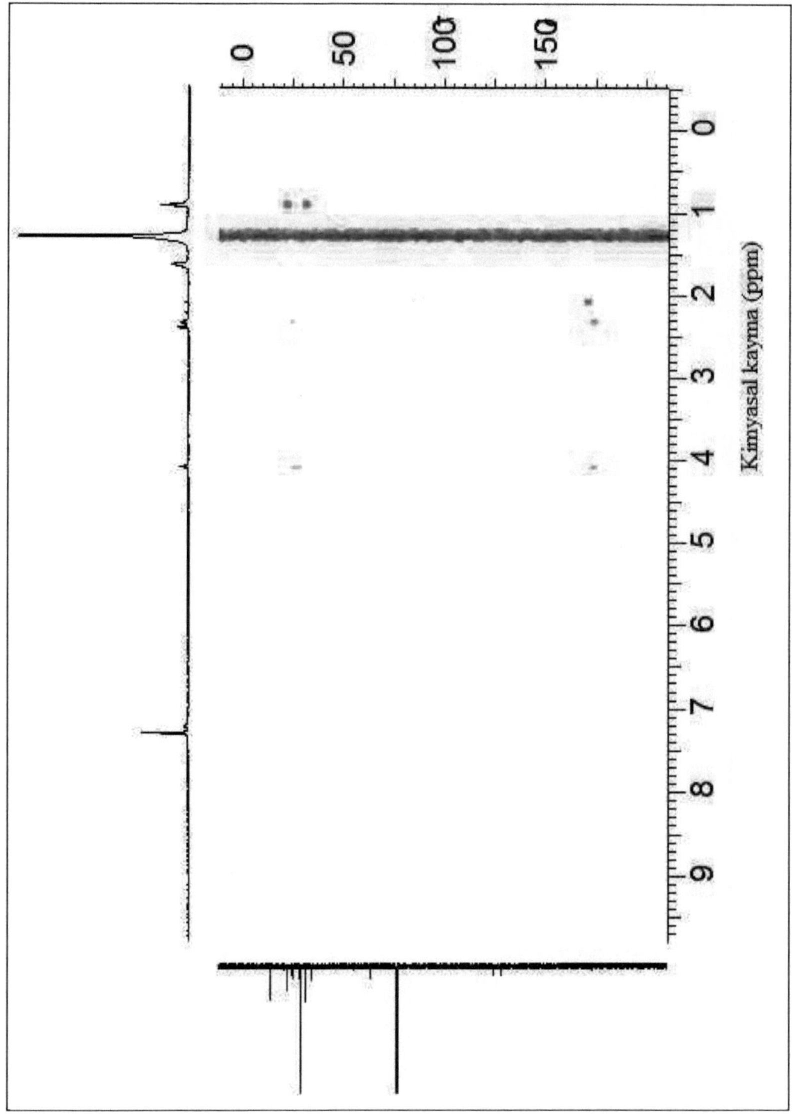

Ek-5. (18) bileşiğinin COSY spektrumu (400 MHz, $CDCl_3$)

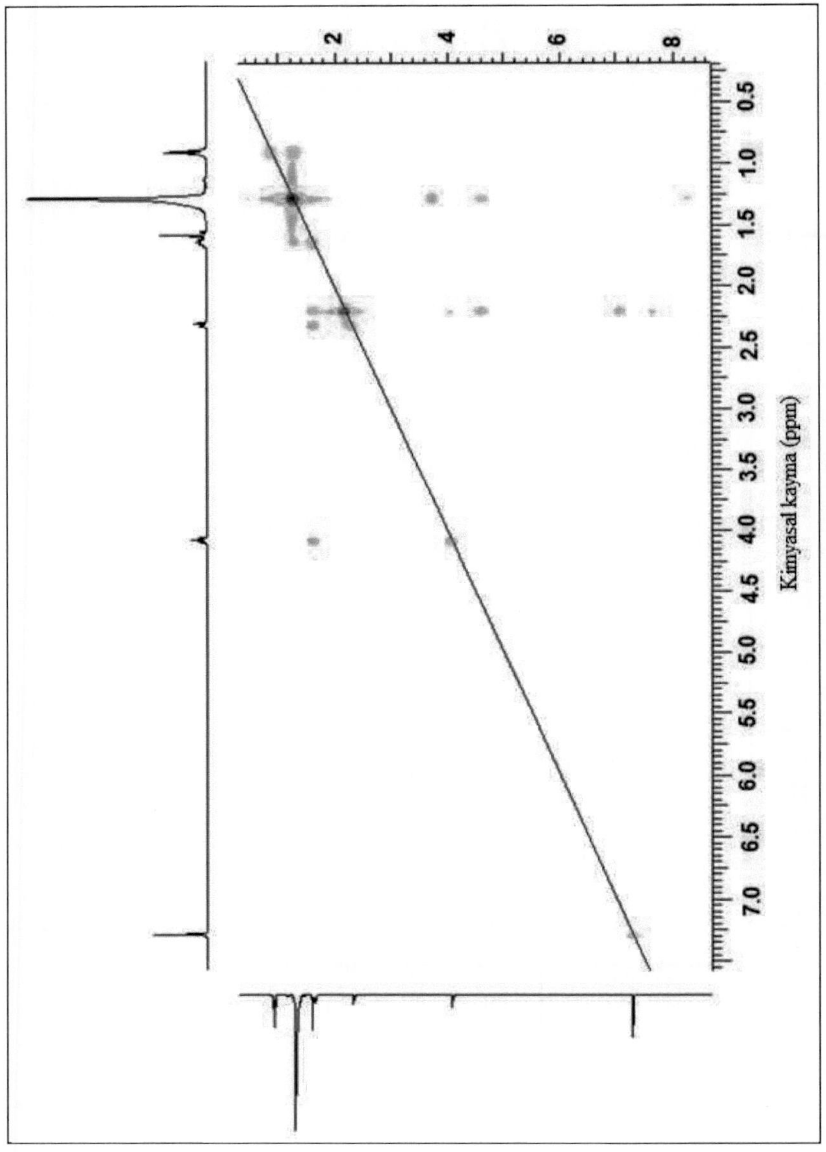

Ek-6. (18) bileşiğinin TOCSY spektrumu (400 MHz, $CDCl_3$)

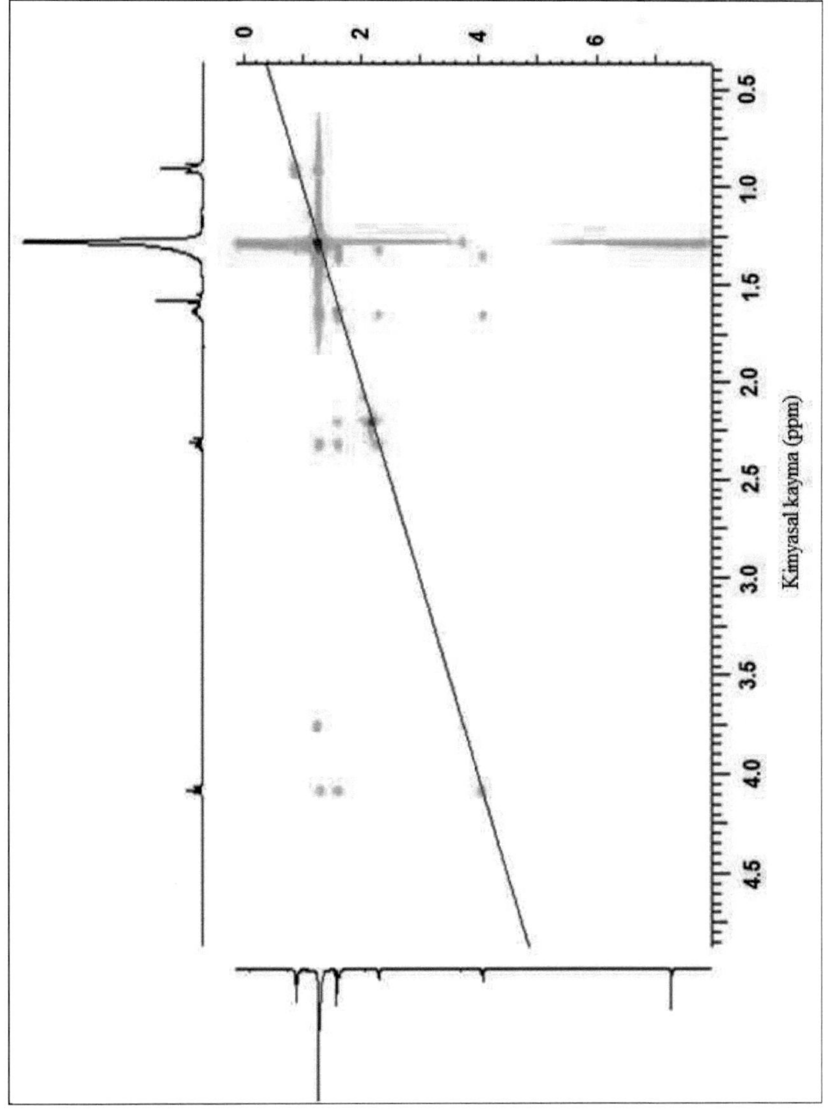

Ek-7. (22) bileşiğinin ^{1}H-NMR spektrumu (400 MHz, $CDCl_3$)

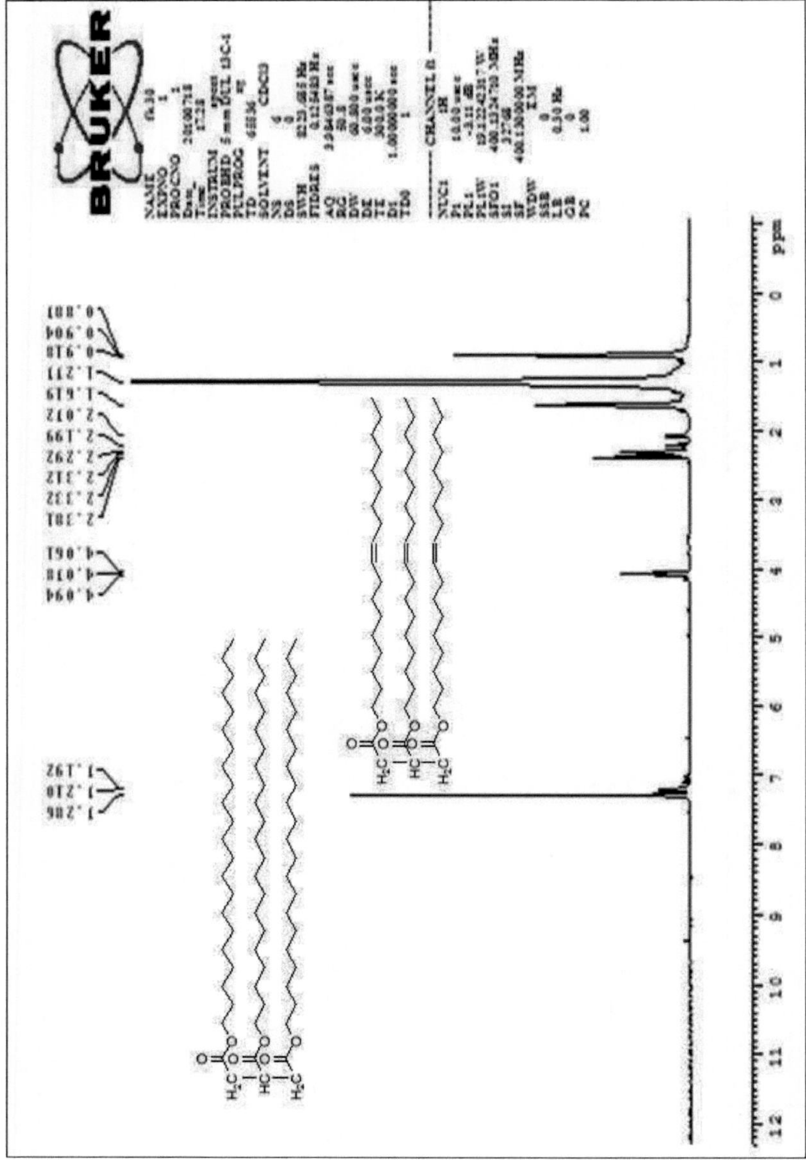

Ek-8. (22) bileşiğinin ^{13}C-NMRspektrumu (100 MHz, $CDCl_3$)

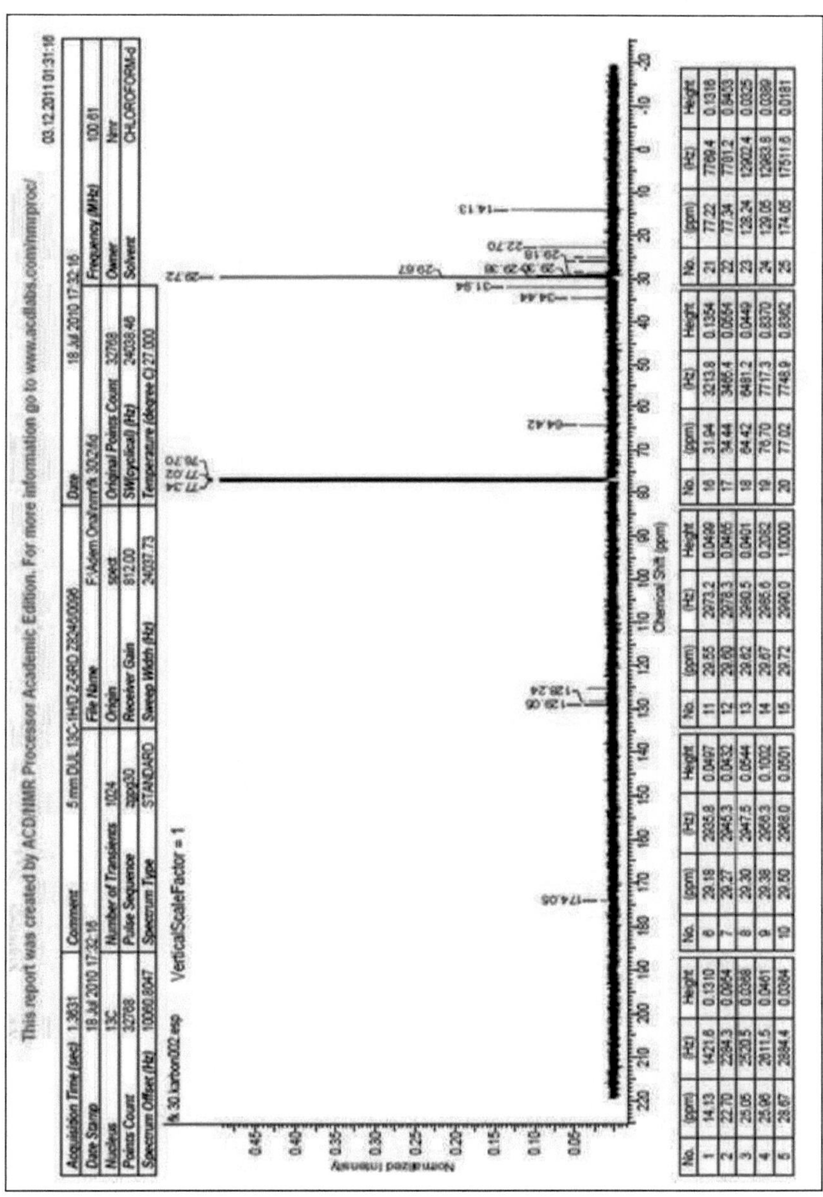

Ek-9. (22) bileşiğinin DEPT-90 spektrumu (100 MHz, $CDCl_3$)

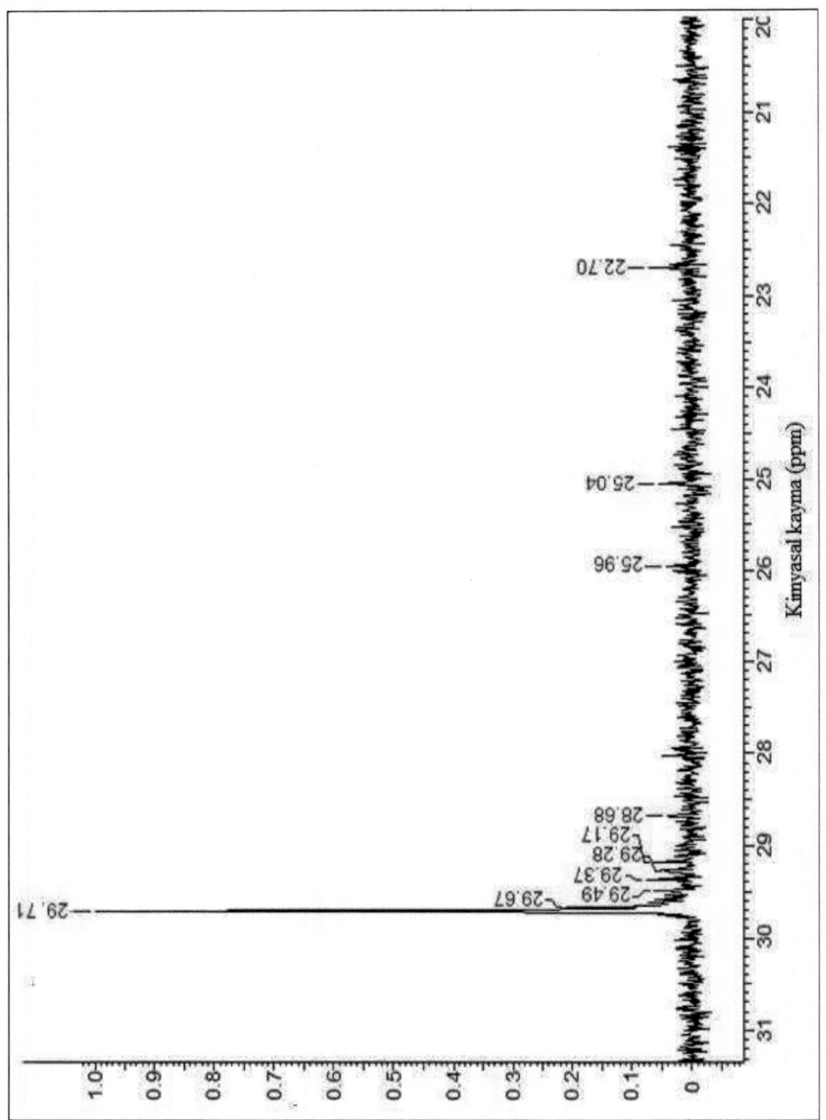

Ek-10. (22) bileşiğinin DEPT-135 spektrumu (100 MHz, $CDCl_3$)

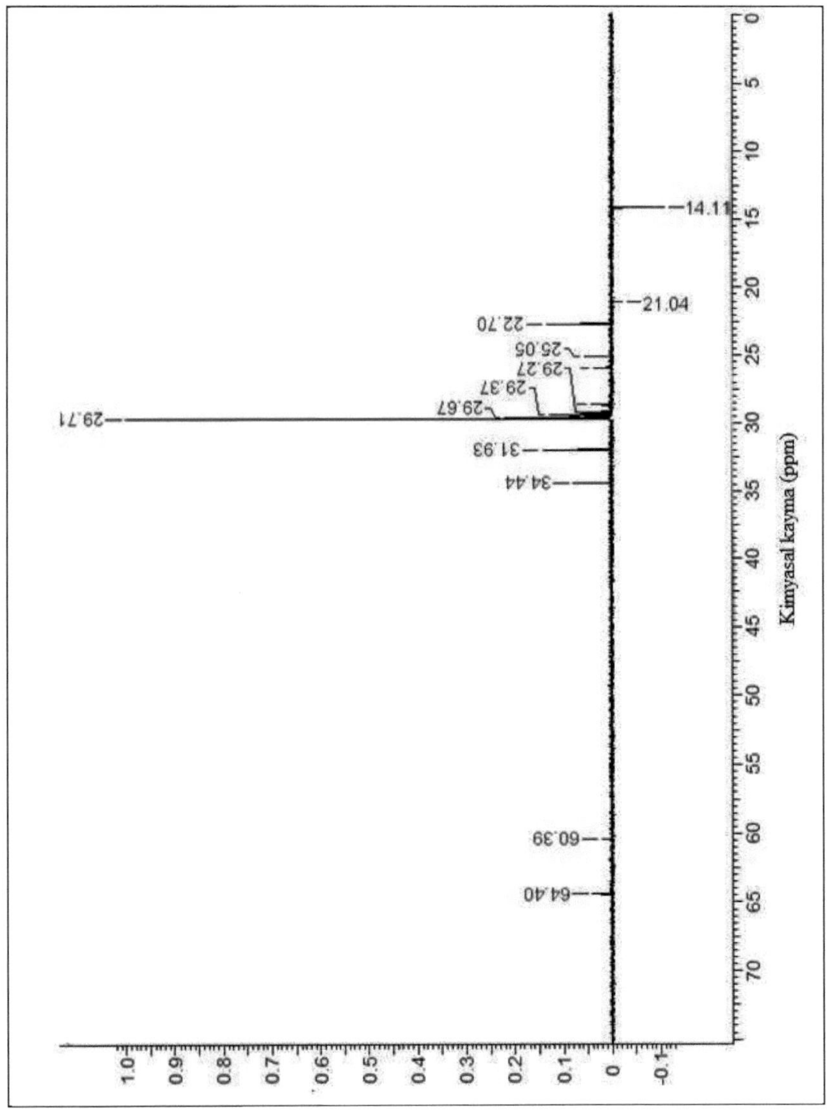

Ek-11. (22) bileşiğinin HETCOR spektrumu (100 MHz, $CDCl_3$)

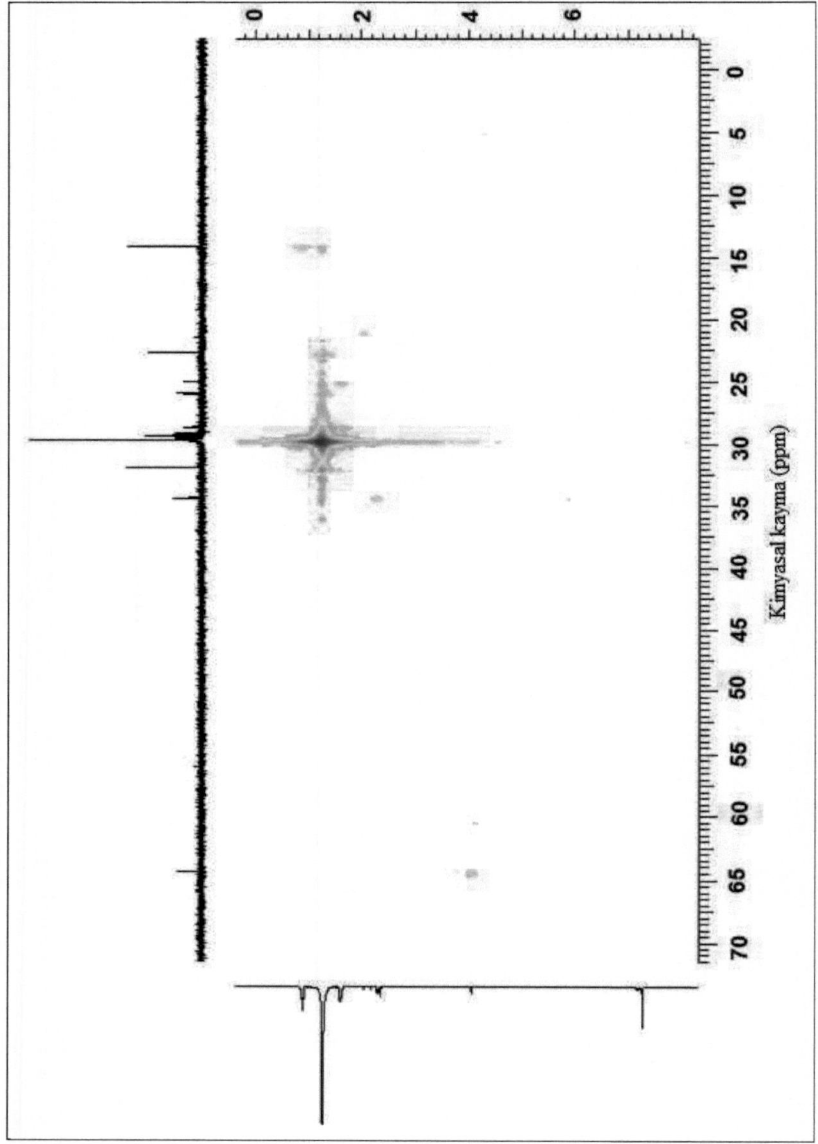

Ek-12. (22) bileşiğinin HMBC spektrumu (100 MHz, $CDCl_3$)

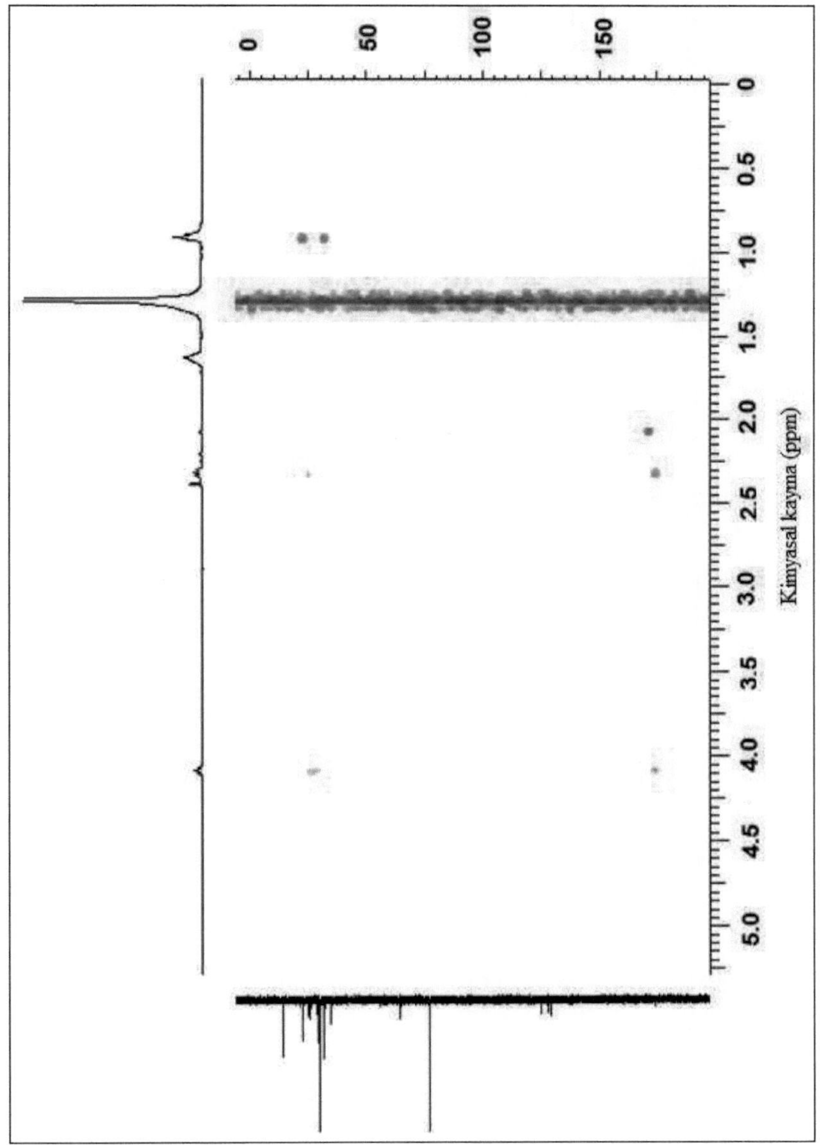

Ek-13. (22) bileşiğinin COSY spektrumu (400 MHz, $CDCl_3$)

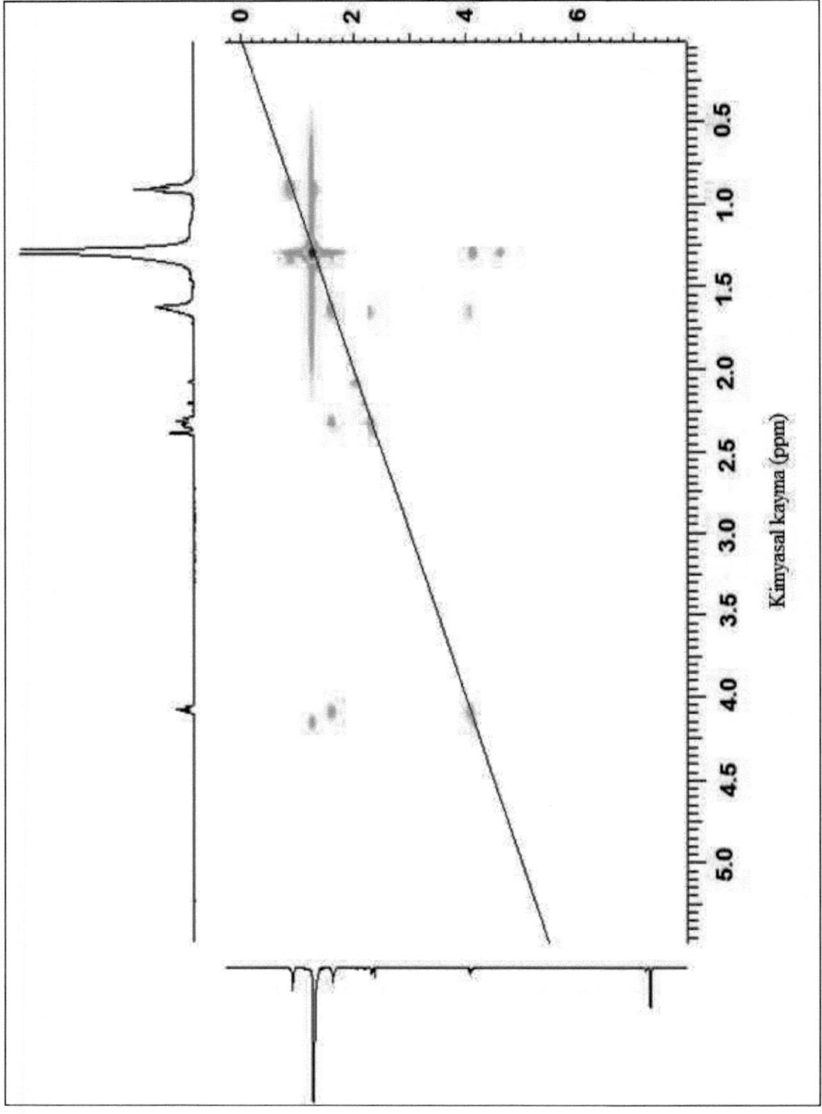

Ek-14. (23) bileşiğinin ^{1}H-NMR spektrumu (400 MHz, $CDCl_3$)

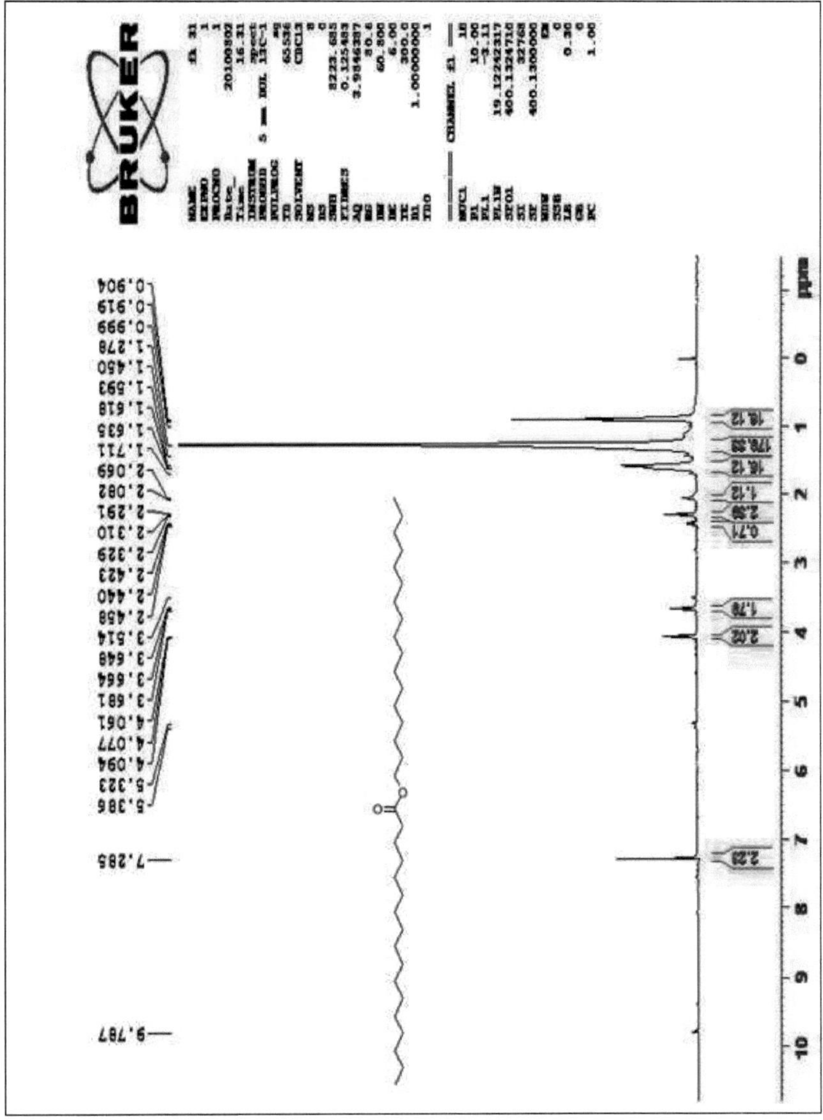

Ek-15. (23) bileşiğinin ^{13}C-NMR spektrumu (100 MHz, $CDCl_3$)

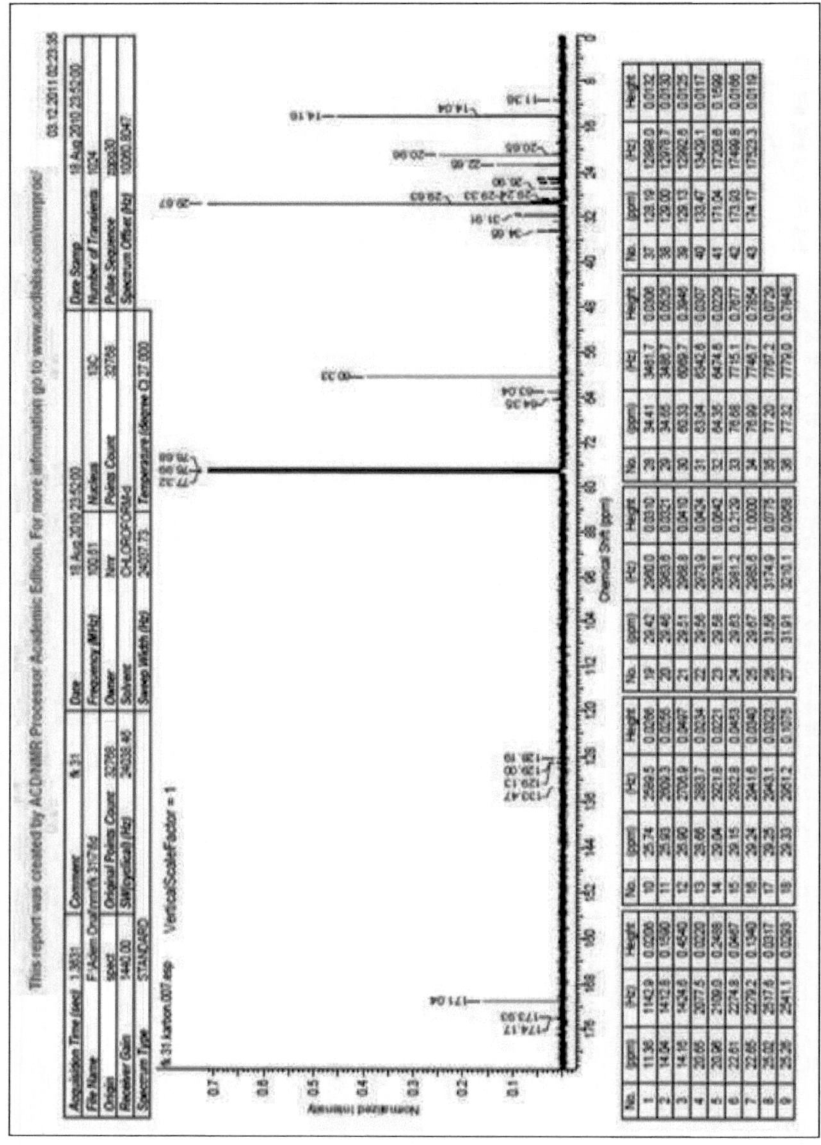

Ek-16. (23) bileşiğinin HETCOR spektrumu (100 MHz, $CDCl_3$)

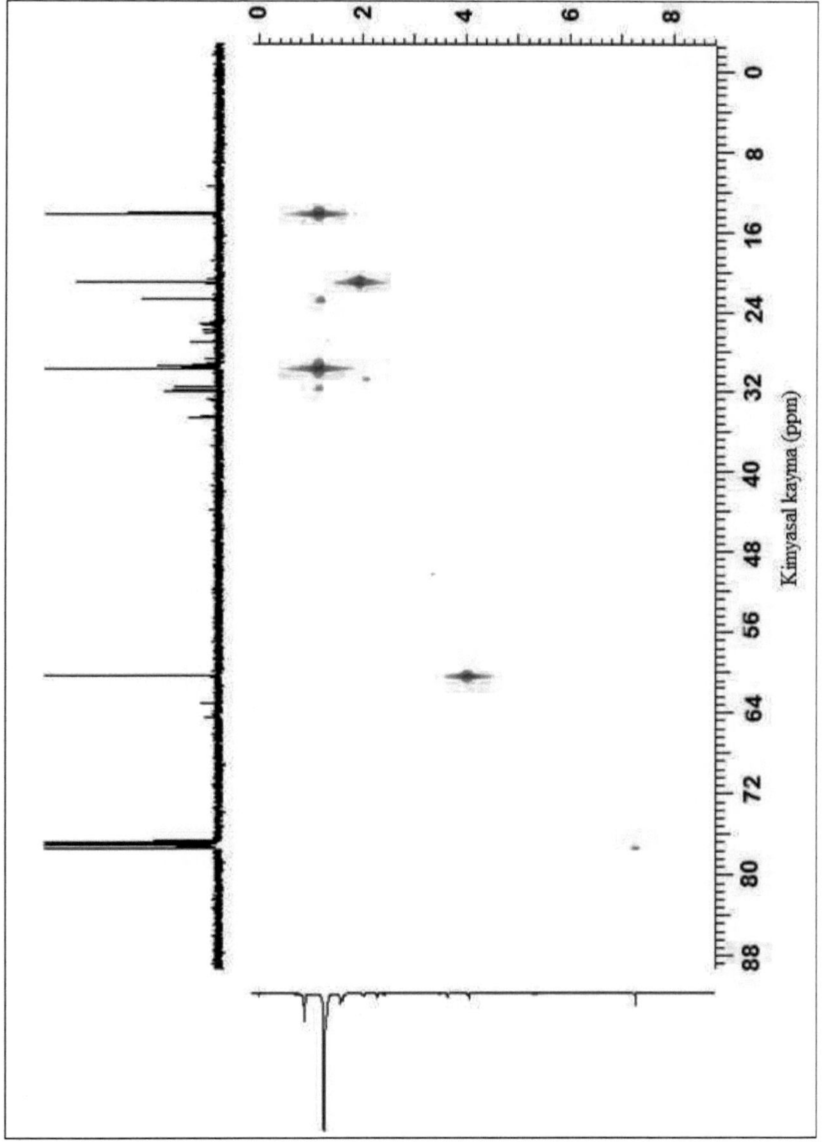

Ek-17. (23) bileşiğinin HMBC spektrumu (100 MHz, $CDCl_3$)

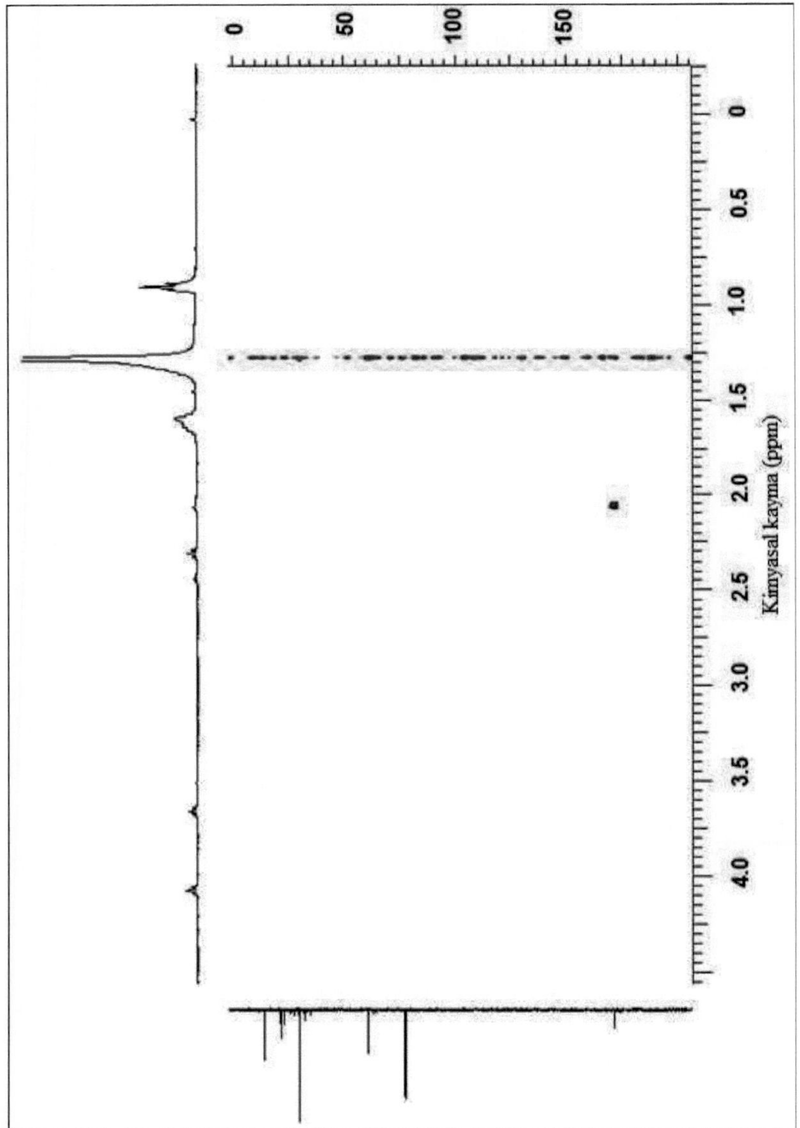

Ek-18. (23) bileşiğinin COSY spektrumu (400 MHz, $CDCl_3$)

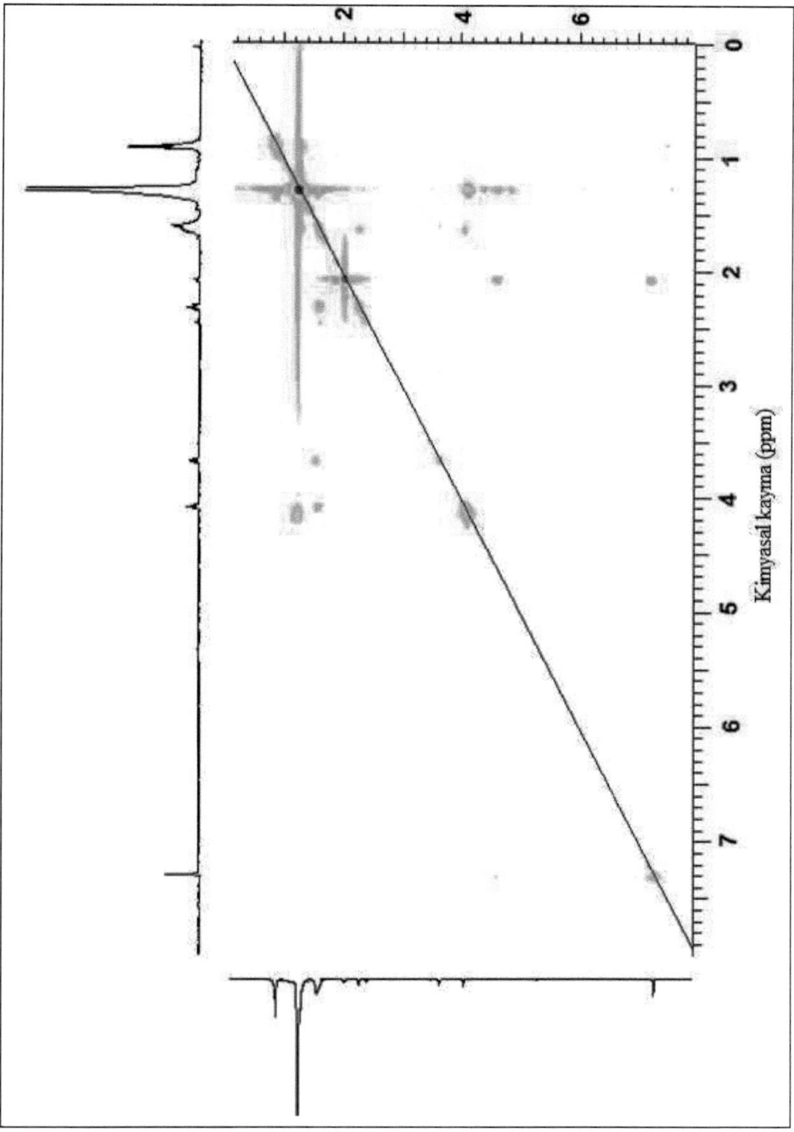

Ek-19. (24) bileşiğinin ^{1}H-NMR spektrumu (400 MHz, $CDCl_3$)

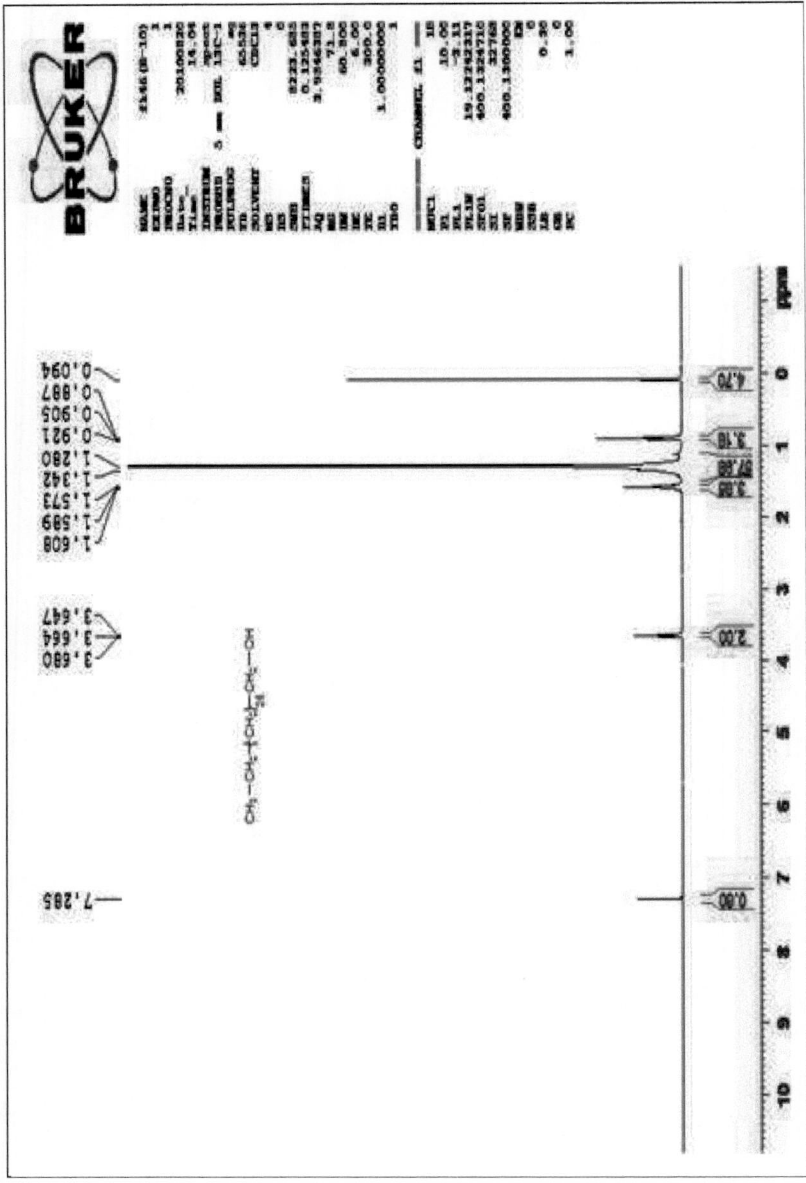

Ek-20. (24) bileşiğinin ^{13}C-NMR spektrumu (100 MHz, $CDCl_3$)

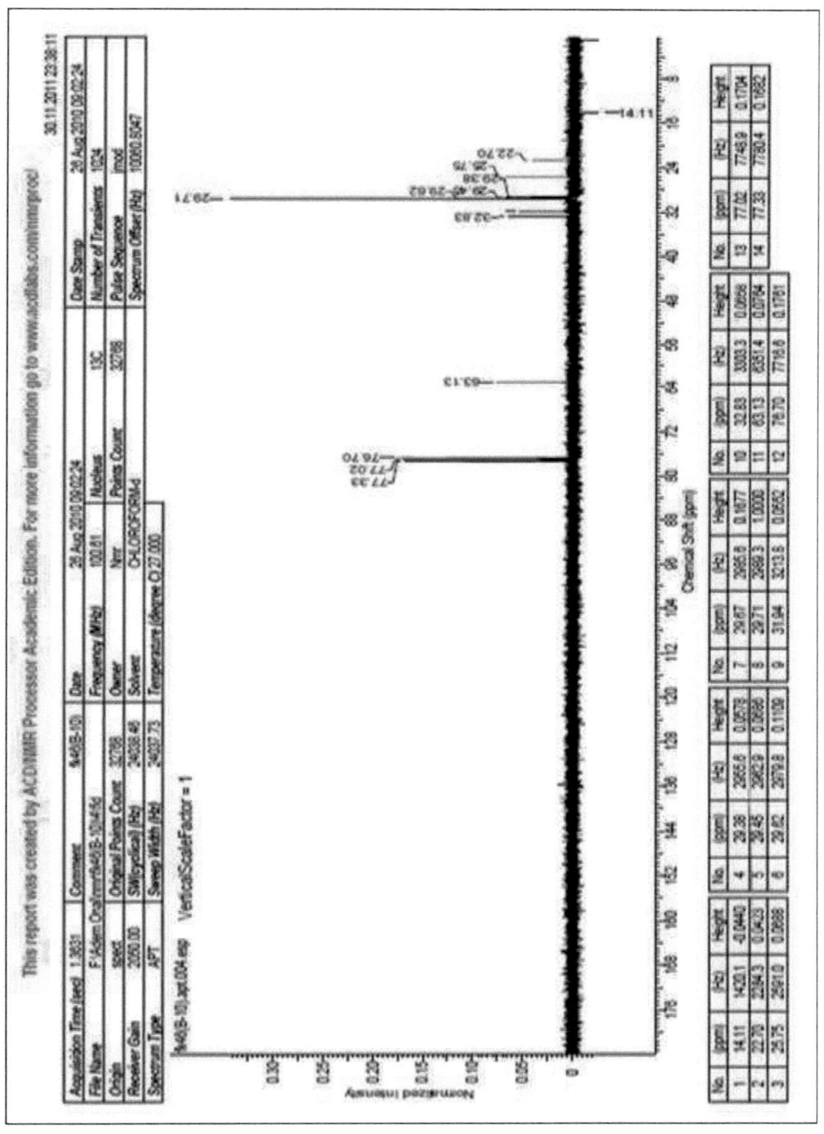

Ek-21. (24) bileşiğinin DEPT-135 spektrumu (100 MHz, $CDCl_3$)

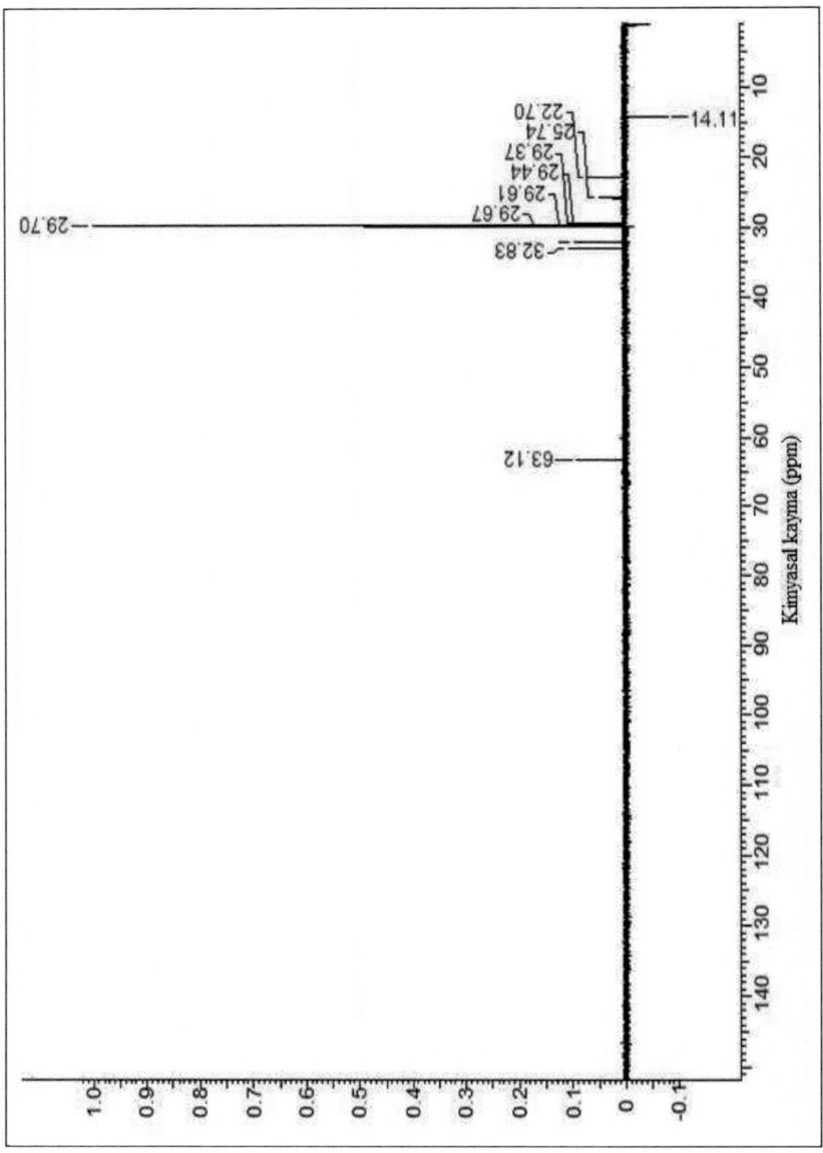

Ek-22. (24) bileşiğinin HETCOR spektrumu (100 MHz, $CDCl_3$)

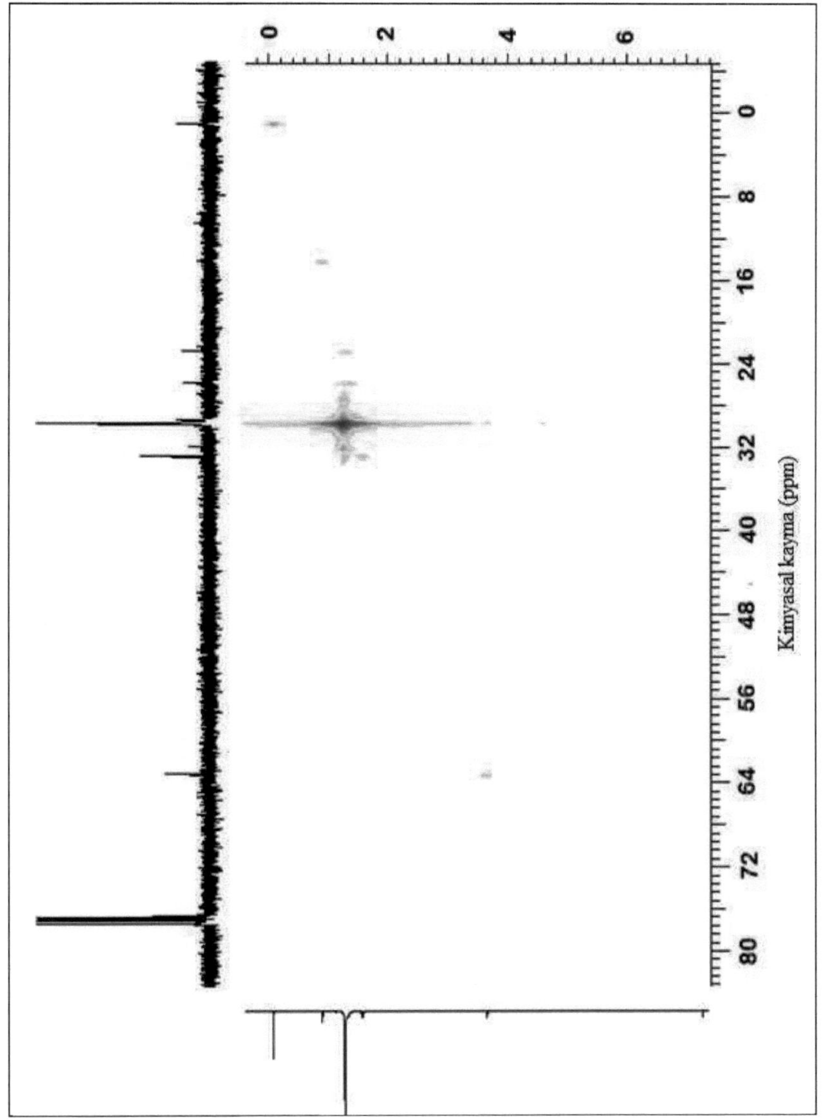

Ek-23. (24) bileşiğinin HMBC spektrumu (100 MHz, $CDCl_3$)

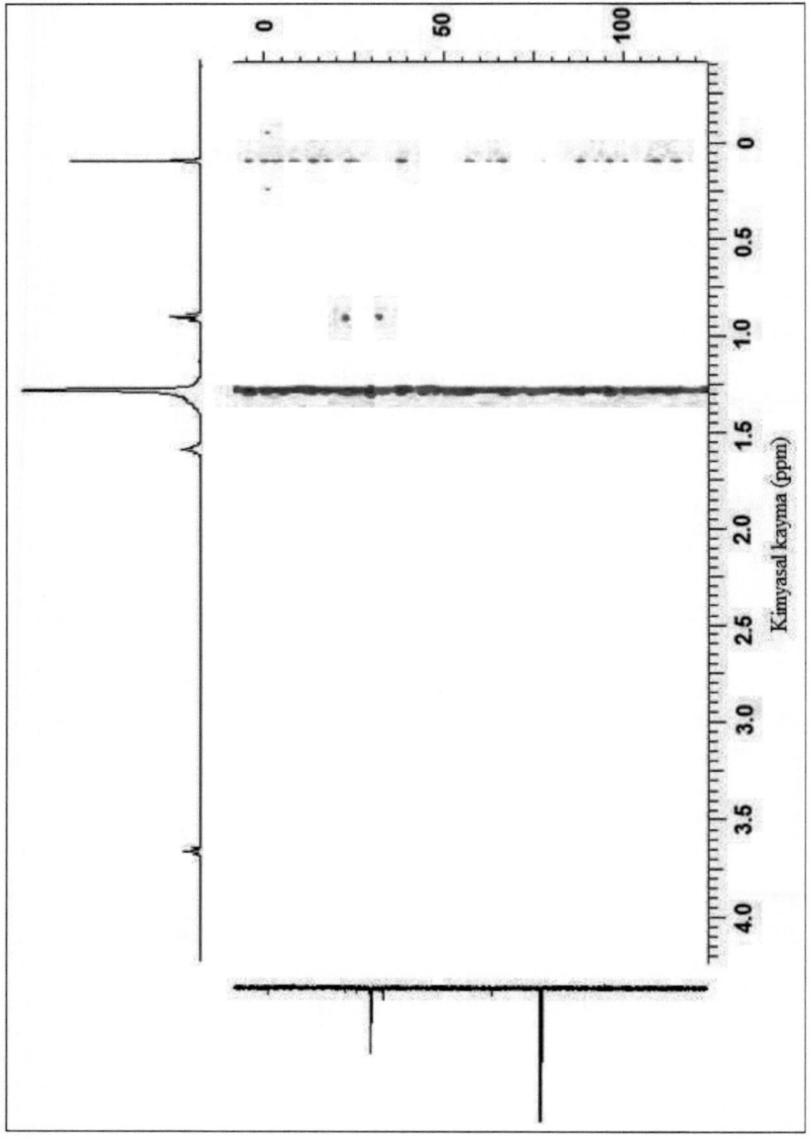

Ek-24 . (24) bileşiğinin COSY spektrumu (400 MHz, $CDCl_3$)

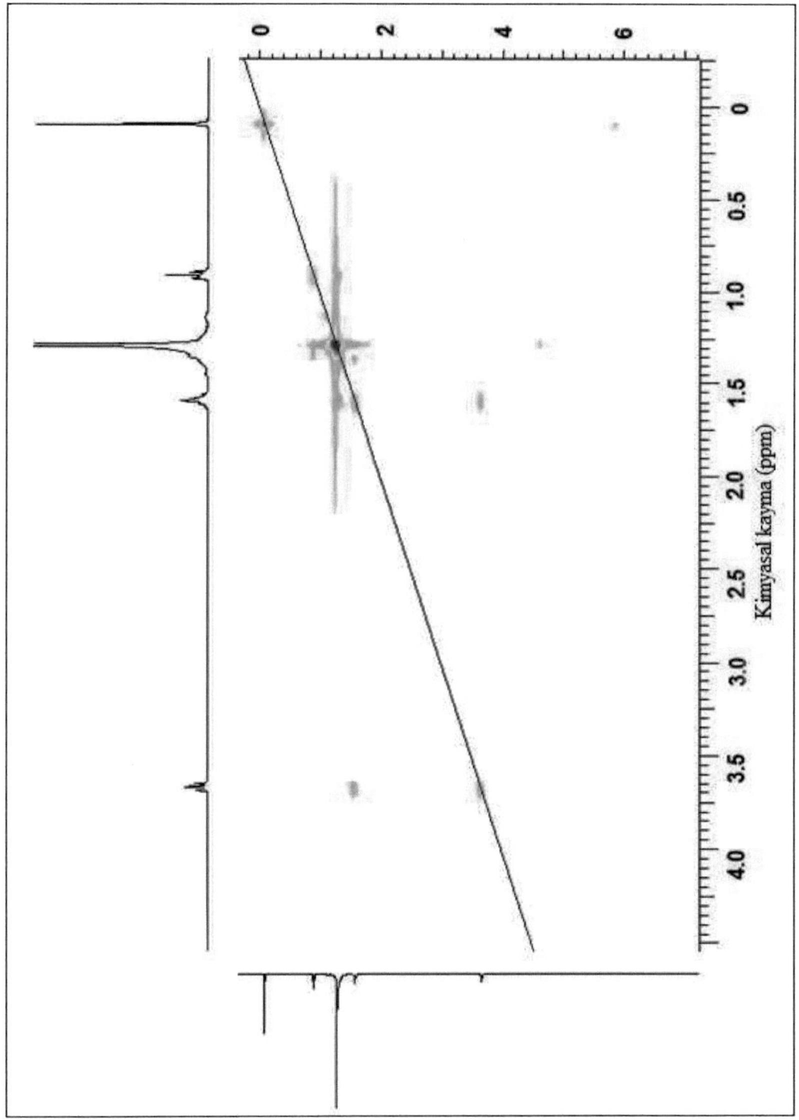

Printed by Books on Demand GmbH, Norderstedt / Germany